翻 盘

谢 普◎编著

中华工商联合出版社

图书在版编目（CIP）数据

翻盘 / 谢普编著. -- 北京：中华工商联合出版社，2025.3. -- ISBN 978-7-5158-4196-0

Ⅰ. B848.4-49

中国国家版本馆CIP数据核字第2025T1L433号

翻盘

作　　者：	谢　普
出 品 人：	刘　刚
责任编辑：	吴建新
装帧设计：	韩月朝
责任审读：	付德华
责任印制：	陈德松
出版发行：	中华工商联合出版社有限责任公司
印　　刷：	三河市宏盛印务有限公司
版　　次：	2025年3月第1版
印　　次：	2025年3月第1次印刷
开　　本：	880 mm × 1230 mm　1/32
字　　数：	110千字
印　　张：	6
书　　号：	ISBN 978-7-5158-4196-0
定　　价：	68.00元

服务热线：010-58301130-0（前台）
销售热线：010-58302977（网店部）
　　　　　010-58302166（门店部）
　　　　　010-58302837（馆配部、新媒体部）
　　　　　010-58302813（团购部）
地址邮编：北京市西城区西环广场A座
　　　　　19-20层，100044
http://www.chgslcbs.cn
投稿热线：010-58302907（总编室）
投稿邮箱：1621239583@qq.com

工商联版图书
版权所有　盗版必究

凡本社图书出现印装质量问题，请与印务部联系。

联系电话：010-58302915

前　言

普通人为什么日子拮据，而富有者凭什么家财万贯？相信这是很多普通人都想弄明白的一个问题。所谓"穷人穷脑袋，富人富口袋"，一个人赚不到大钱总是有原因的，一个人能够富甲一方也是有道理的。穷不是命，富不靠运。穷，不是上天赋予一个人的义务，也不是命中注定，而是一个人行为注定的结果；富，是大多数人奋斗的目标，它并非个别人的特权，而是一个人思想产生的动力。

其实，普通人和富人一开始的差距，远没有想象中那么大，但是后来差距越来越大，根源就在于普通人身上惯有的"穷人的思维习惯"。很多普通人之所以一直不能成为富豪，就是因为他们安于现状、甘于认命，没有努力的目标和方向，没有翻盘的勇气，没有破釜沉舟的胆量，没有坚定的脚步和决心；而富人之所以成功，是因为他们追求财富的目标明确、有的放矢，懂得抓住机遇，变通思路，适时求变创新，懂得

通过行动改变命运。

富人总想着如何改变命运：知道人脉就是钱脉，所以广结人缘；知道时间就是金钱，所以争分夺秒；知道团队合作力量大，所以懂得合作；敢于另辟蹊径，不断寻找挖掘财富宝藏的方法。再来看有些失败者，则往往想着如何应对眼前的生活：当自己人生不如意时，喜欢抱怨环境，满足于循规蹈矩的安全。

或许，光是这样大谈特谈，大家不好理解什么是"穷人的思维习惯"，下面我们就通过一则发人深省的小故事，让大家获得具体的感知。

话说某一天，有一个富人送给穷人一头牛，穷人满怀希望开始奋斗。可牛要吃草，人要吃饭，日子过得很艰难。没办法，穷人只好把牛卖了，买了几只羊，吃了一只，用剩下的来生小羊。可小羊却迟迟没有生下来，日子又变得艰难了。穷人又把剩下的羊卖了，换来了鸡。想让鸡生蛋赚钱，但是日子并没有改变，最后穷人把鸡也杀了，穷人的理想彻底破灭了，买来很多酒，最后喝得烂醉如泥。

这正是现实生活中一些人在经济捉襟见肘时的做事方法，也正是导致其不能成为富人的"穷人的思维习惯"。

正所谓"你永远叫不醒一个装睡的人"。同理，你也很难

前言

叫醒一个被"穷人的思维习惯"所固化的人。其实，一时的经济拮据与贫穷，并不可怕，可怕的是一个人被"穷人的思维习惯"禁锢，于是就变得凡事都瞻前顾后、犹犹豫豫，结果就失去了实现财富逆袭、让人生翻盘的机遇。

可以这样说，一个人之所以赚不到大钱，就是自己的原因，与他人无关。毕竟，在当下自由竞争的社会里，没有谁断了你的致富路，而是你自己找不到方向；不是周围的环境向你关闭了通往财富的大门，而是你的思维习惯将你挡在财富的大门外。现实生活中，无数事实早已告诉我们：成功人士致富所凭借的那些东西，我们每一个普通人都拥有，只是在很多时候，我们没有或者没能有效地凭这些东西去追求财富罢了。

综上所述，一个人要想从经济拮据变成生活富裕，实现人生翻盘，唯有先改变自己的财富思维习惯，树立正确对待财富的心态，其外部环境才能随之改变，最终命运也会随之改变。

那么，普通人如何做才能实现人生翻盘呢？这正是本书所要回答的问题。全书通过大量真实的案例与浅显易懂的理论解说，深刻剖析了很多人奋斗成功的秘诀。成功者的这些秘诀，正是普通人想要实现翻盘的秘诀。本书没有夸夸其谈、

枯燥无味的长篇大论，而是用浅显易懂的语言启发大家正确认清和纠正自己过往错误的财富观念与思维习惯，从而一步一步走出误区，实现心中的财富梦想。

路虽远，行则将至；事虽难，做则必成。任何一个人想要实现翻盘的理想，注定不会一帆风顺，但是只要行进的方向正确，就一定会让梦想照进现实。朋友们，如果你渴望让自己的人生实现翻盘，走出目前经济拮据的窘境，那就从此时此刻起，像书中一个个成功人物一样思考和行动吧！或许，在不久的将来，你就会成为其中的一员。

是为序。

目 录

第1章 懂得让钱替自己打工

不要一味抱怨自己没有钱……………………………… 003
理财不只是成功者的事情……………………………… 005
从动物身上学习理财经验……………………………… 008
从大娘"养鸡"说起…………………………………… 012
创业并不困难…………………………………………… 017
借钱创业需魄力和能力兼备…………………………… 020
省自己的钱,让别人去挥霍吧………………………… 023

第2章 一手拿"望远镜",一手拿"显微镜"

握住财富的金钥匙……………………………………… 033
培养看清远方事物的洞察力…………………………… 036
商机就在司空见惯的事情中…………………………… 042
商机存在于问题之中…………………………………… 044

既要显微，又要望远…………………………………… 047
保持独立冷静的思考习惯………………………………… 048
"银发市场"将迎来历史性机遇………………………… 052

第3章 另辟蹊径，大胆创新

不随大流，另辟蹊径……………………………………… 063
小公司创新，也有大作为………………………………… 066
识人之弃，开创新路……………………………………… 069
细心观察+用心思考=创意……………………………… 072
一个行业的"离经叛道"者……………………………… 075
墨守陈规，永远无法翻盘………………………………… 080
标新立异，终成大业……………………………………… 083

第4章 行事果断，机会面前不犹豫

七分谋划，三分魄力……………………………………… 089
不要急于求成……………………………………………… 092
与其抱怨，不如行动……………………………………… 097
拖延使人坠入消沉的泥潭………………………………… 100
行动力决定你的竞争力…………………………………… 107

目 录

第5章　争价不争秤，赚钱先赚人

好人缘会带来利益 ………………………………… 113
"人和"至关重要 …………………………………… 115
取之有道，光明正大地赚钱 ……………………… 120
赚钱首先要树立"个人品牌" ……………………… 123
"贵人"是获取财富的筹码 ………………………… 125

第6章　睡得地板，当得老板

老板都是苦干出来的 ……………………………… 133
懂得给自己打工 …………………………………… 137
在黑暗隧道中坚持到底 …………………………… 141
用顽强和坚韧武装自己 …………………………… 144
怨人者穷，奋斗者富 ……………………………… 147

第7章　既要有胆，更要有识

敢作敢为，大胆设想 ……………………………… 153
只有输得起，才能赢得起 ………………………… 158
甘冒风险是翻盘的基础 …………………………… 161
"胆商"，你有吗 …………………………………… 164

没有风险是最大的风险……………………………… 168

第8章　巧借外力，借力使力生万利

借外力生财，一举两得……………………………… 175
借用"闲事"，平中生奇……………………………… 178

<第1章>
懂得让钱替自己打工

　　一个人，如果想要实现人生翻盘，走出经济拮据的境况，成为成功者，最关键的一点就是要明白成功者与普通人相比，除了财富差距外，具体还有哪些不同？

　　成功者精于用钱生钱。如果我们将钱比作鸡蛋，那么成功者与普通人的一个重要差别在于：成功者将"蛋"孵化成鸡，让鸡生蛋、蛋孵鸡不停地循环；而普通人的"蛋"，永远是一个蛋。

　　普通人终日为了生存而奔波，成了钱的打工仔。成功者终日让钱为自己奔波，成为一个"钱老板"。要知道，罗马不是一天建成的，绝大多数成功者的钱，都是让财富不停地滚动以获得增值而来的。

　　由此可知，如果我们想让人生实现成功，就需要像成功者那样，懂得有效利用自己手里的资金，别让它们继续躺着睡觉。要时刻记牢，我们手中的每一分钱都是我们的"员工"，我们就是它们的"老板"。要让资金动起来替我们干活，替我们赚取更多的利润。

第1章　懂得让钱替自己打工

不要一味抱怨自己没有钱

让钱做自己的"员工"，为自己打工，任何人听了都很愿意去做。但为什么很多人没有行动起来？原因不外乎两个：一是自己没有钱；二是不知道如何让钱为自己打工。我们在这里主要说说第一个原因。

所谓"没有钱"，具体分析起来又分两种情况：一种情况是自己手里只有三五千元，认为根本就不能称之为"有钱"（有人有三五万元也是这个感觉），完全没有运作的必要，因为即使运作起来也没有多大收益，毕竟投入与产出成正比。这种心态在当今社会很正常。早些年有所谓的"十万不算富，百万才起步"的说法，刚开始流行这句话时似乎还有些夸张，但现在看来的确如此，有十万八万元的人，谁也不敢说自己富——在小城市买房都有可能不够，在大城市安家落户，简直天方夜谭。另一种情况是一个人真的没有钱，手里的钱只够勉强维持生活，基本没有节余。

我们先来讨论有些小钱的这类人。有些人认为小钱不需要打理,这种想法是不对的。理由有二:一是万事万物都有一个由小到大、从量变到质变的过程,不从小钱积累,如何变多?二是运作小钱不但可以达到聚少成多的目的,还是一个人累积运作经验的重要途径。

钱赚钱绝非是成功者的专利,小钱更需要"关怀"。2007年火爆的股市与基金,就让不少人的小钱翻了一番甚至几番。可以想象:这些小钱变多后,日后无论是投资金融市场还是做实业,都会有更多、更大的机会成为成功者。值得指出的是,把钱存在银行拿利息也是一种"钱赚钱"(有利息)的办法,但银行利息有可能跟不上物价上涨的速度,把钱存银行有可能是在"亏损"(所谓的"负利率")。当然,笔者这样说并非鼓励所有人都将存在银行的钱取出来去股市与基金市场中搏杀,这涉及一个资金安全配置的问题。本钱与收益成正比,风险与收益成正比,这是公平的博弈法则。笔者这样说,只是提醒读者要有"钱赚钱"的意识、眼光,并努力培养这方面的能力。你可以因为风险过大而让钱闲置,但千万不能缺乏让钱运作起来帮你赚钱的意识与习惯。事实上,任何时候都有"钱赚钱"的机会,主要取决于你有没有一双慧眼而已。

对于确实没有闲钱的人来说，他们的当务之急是摆脱自己的财务窘境。反思是自己收入过低，还是自己开支过大，抑或……总之，要找到原因，才能对症下药。财务上的压力，处置得好往往可以成为动力。很多大富豪有过穷困窘迫的过去，对于他们来说，穷则思变，贫穷是引爆他们斗志与智慧的导火索，他们因为曾经的贫穷而有了今日的富有！

理财不只是成功者的事情

很多人因为自己不是有钱人，就认为自己不需要理财，认为理财是成功者的事情。造成这种思想的主要原因是大部分人一提到理财，就会理所当然地和投资挂钩，事实上，这是一种错误的理念，投资虽然是理财中很重要的一部分，但是理财并不完全等同于投资。

一些月光族更是如此认为，我每个月入账就那么多，除去生活开销，即使改变月月光的心态，也是所剩无几，如何理财？殊不知，这就和"我不用去学开车，因为我根本没车可开"的论调一样。我们抛开一夜暴富不谈，如今很多家境富

裕的人也都是从小钱开始一点一滴积累起来的，只有合理安排自己的收入和支出，学会理财，才能够使我们有限的收入发生质变，从而成为名副其实的成功者。

2010年，李士启从一所名校毕业后，进入一家效益非常好的电信公司。因为能力出众，他的收入水涨船高，第二年就晋升为部门经理，月薪从原来的2000元涨到了5000元，随后公司更是不断给他涨薪，七年后他已经成为公司不可或缺的技术骨干，月薪更是涨到了12000元。现实中的李士启性格很外向，是朋友中的核心人物，他拥有一群铁哥们儿，时不时组织聚会，周末甚至会驾车到郊区度假，生活多姿多彩。

然而李士启从一开始工作就养成了花钱大手大脚的习惯，使自己成为标准的月光族。2017年，年近三十的李士启被家中父母催促结婚，他的女朋友同样急切，买房自然成为头等大事。李士启感觉以自己的收入买房应该是很简单的事，可是打开存折才发现存款不过几万元，而且自从2016年公司内部调整后，工资和福利已不再像以前那样优厚，李士启这时才发现，自己原本美好的愿望此时已是一片浮云。

有朋友建议说："你相比其他人收入算是很多了，应该尝试去投资理财，估计没几年就会小有积蓄的。"李士启说道："要是我有五六十万元，肯定会进行投资，房子问题还不是很好解决？可是现在我只有几万元，投资也赚不了多少。"

其实我们可以计算一下，李士启参加工作七年来，月薪按8000元算，除去七年间他必须的花销，也能剩余三四十万元。然而就是因为他没有理财意识，习惯了月光族的生活，才导致买房捉襟见肘的局面。如果从刚开始参加工作，李士启就开始学习理财，七年里不可能只攒三四十万元，即使只是将收入存入银行，他的存款也足以支付房子的首付。

理财其实就是对漫长的人生在财务上做出合理的安排，确定阶段性的生活和投资目标，审视自己的资产分配状况及承受能力，在人生不同阶段，将自己原本模糊的愿望如买房、买车、结婚、子女教育、出国进修、旅游等，转换成合理的可实现的理财目标。理财不只是成功者的游戏，也属于普通人。普通人首先应该改变原本错误的理财观念。

首先，理财的目的不是赚钱。普通人一说到理财，就想着今年的十万元，明年变成十二万元甚至十五万元。理财的最基本目的是保住现有的资产，看好腰包里的钱，然后在此基础上，运用理财工具和金融产品的组合，来实现可以承担的风险范围内的财富增值。归根结底，理财是防止金钱的莫

名流失，然后才是如何发财致富。

其次，普通人更加需要理财。富人的钱也是靠一步步积攒和不断理财所形成的财富增值，如果不会理财，再殷实的家底也会坐吃山空。在富人眼中，虽然几万元仅是小钱，但同样是用辛苦汗水换来的，他们会珍惜，会让其变得更多。

最后，不要认为理财就是简单的省钱。很多经济拮据的人会认为，理财不就是让我去做抠门的葛朗台，捂紧自己的收入不松手吗？其实理财并不是简单的省钱，虽然节俭很重要，但是需要有个度，过犹不及就会变得吝啬。理财是管理和梳理钱财，让你的钱花得明明白白、清清楚楚，也让你的生活更加自如。其实日子过得好不好，不在于你手里有多少钱、你花了多少钱，而在于你会不会花钱、会不会管钱。

从动物身上学习理财经验

通常来说，动物学家把常见的动物分为攻击型、勤奋型、狡诈型、依赖型、求知型和简单型六种。由此可见，动物和人一样，也是有"性格"的，但如果说这些性格各异的动物在理财上各有千秋，许多人肯定会感到诧异。实际上，各种动物之所以能生存下来，与它们的"理财"能力有密切关系，很多动物可以称得上是"理财高手"，值得我们人类学习。

1.豹子：善计成本

人们经常用"吃了豹子胆"形容某人胆大，其实，豹子不但胆大，而且心细。豹子在捕食猎物时，对兔子之类的小动物往往不屑一顾，因为它知道，追一只兔子和追一只羊、一只鹿所消耗的能量是相当的。在付出相同"成本"的情况下，它会选择物超所值的猎物。人们理财也应当这样，如果投资期限、风险等要素大体相当，则应尽量选择收益高的投资方式。比如，国债和储蓄的风险性相当，但收益却有较大差距，这时人们应学习豹子，在经过计算分析后，选择回报高的投资方式。

2.田鼠：坚持储蓄

秋天是丰收的季节，田鼠需要趁机储备食物以便安全度过寒冷的冬季。通常情况下，一只田鼠需要储备七八斤甚至十多斤粮食，运送和储存这么多粮食，需要花费很多时间和

精力，但它们却非常专注，乐此不疲。随着人们收入的提高和消费观念的转变，"月光族"越来越多。花钱如流水固然很潇洒，但用钱时捉襟见肘非常尴尬，所以理财意识淡薄的年轻人应该学习田鼠这种提前计划、积谷防饥的理财思路。

3.狮子：分工理财

狮子猎食有严格的分工，公狮负责圈地，发现一块没有被其他狮子占领的土地，先撒几泡尿表明土地所有权，然后由母狮在领地内狩猎，捕到猎物后，公狮、母狮一起享用。狮子的这种分工跟人类的"男主外，女主内"有异曲同工之处。男人可以像公狮学习，积极去发掘新的"领地"，努力创造财富；女人则像母狮学习，把男人创造的财富打理好，避免家庭资产流失。夫妻共同努力，就能分享创造财富和科学理财带给他们的美好生活。

4.狼：注重稳健

在动物中，狼应当算是最冷静和沉稳的，每次进攻之前，它都要仔细了解对手，先用对峙来消磨对手的耐力，然后伺机而动；如果面对的对手比自己强大，狼会借助集体的力量发起进攻。狼的进攻很少失手。在理财时，狼的冷静和沉稳也值得人类学习。目前，理财渠道越来越多，面对各种保本、保息以及高利率、高回报等诱惑，普通人要正确分析判断这些产品是不是真正适合自己，避免盲目行动，这样，普通人的投资理财也会和狼一样永不失手。

5.兔子：分散风险

天上有老鹰，地上有野兽，兔子显然是弱者，为了生存，兔子通常要在觅食区域内挖掘多个洞穴，这样，万一遇到敌人，可以就近藏到一个洞穴里，从而确保自身安全。这就是人们常说的"狡兔三窟"。普通人进行理财时，可以学习兔子，多选择几个投资渠道，比如说为了追求稳健，可以选择储蓄、国债和人民币理财；为了追求收益，可以选择投资股票、信托和开放式基金，并且根据形势及时调整和选择更好的"洞穴"，这样可以最大限度地化解风险，提高收益。

从大娘"养鸡"说起

笔者曾在报纸上看到一则新闻,一个大娘去银行存钱,看到有一个窗口排了长长的队,于是上前凑热闹。待将钱递进窗口办好一切手续后,大娘看了看手里的单据,顺便问了工作人员一句:"同志,基金的年利率是多少呀?"

原来,大娘见排队的人多,觉得人人争抢的东西一定是好东西,于是懵懵懂懂去"养鸡"(炒基金)。

与其一个鸡蛋一个鸡蛋地攒,不如将鸡蛋孵化,鸡生蛋,蛋孵鸡,如此循环,无穷匮也。但是,养"基金"也好,养下蛋"鸡"也罢,你要有几分理性,否则就会落个鸡飞蛋打的下场。

2007年,中国资本市场火热,几乎让人忘记了资本市场的风险。股民们在这一年虽然经受了几次暴跌,但股市一直保持着强势劲头。而基民更像一群被宠坏了的孩子,大家只要买了入场券就可以进去"排排坐,分果果",见者有份。

在这种大环境下,闹出大娘这类的笑话,自然不足为怪。不足为怪并不意味着正确、理性。"入市有风险,投资需谨慎",这是永恒的箴言。那么,如何理性、谨慎涉足资本市场呢?

1.投资熟悉的项目

越是对各种投资项目不了解、不熟悉的投资者越习惯于追求投资项目回报率高,或听信其他人的介绍进行投资。投资者盲目持有一些对于他们来说很神秘的投资筹码,其风险可想而知。

通常情况下,投资者不熟悉、不了解自己投资的项目,只能听信其他人的介绍或道听途说的一些信息,这是投资者进行投资的大忌。

2.以资金实力决定投资

俗话说:"看菜吃饭,量体裁衣。"如果普通人手中有几千元或上万元,只能选择投资小见效快的方式,如升值潜力可观的邮票、小额收藏品等;如果普通人手中有十几万元或几十万元,可以考虑购买住房,既用于自住,又可保值增值。

3.以年龄决定投资

人在各个年龄段的责任、需求、抱负、承受能力是不同的,所以有人把人生投资分为五个阶段,即寻求期、探索期、建立期、平稳期、高峰期,每个阶段都有相同的投资方式和投资需求。年龄的大小决定了投资的差异,年轻人在投资的路上即使摔倒照样能爬起来继续向前,而老年人由于受身体、年龄等各种因素的限制,一旦失败就很难再东山再起。因此,年轻人可以选择风险较大、收益较高的投资品种;而年龄较大者,在选择投资品种时应注意资金的安全性和收益的稳定性。

4.以个性决定投资

个性决定一个人的兴趣、爱好,同时也决定一个人的投资习惯是保守型、稳健型还是冒险型。每个投资品种都具有优点与缺点。例如,储蓄、国债、保险的收益稳定,风险系数小,比较适合稳健型的人投资;股票高风险、高收益,适合有冒险精神并且心理承受能力较强的人投资。

成功的投资者通常具备两个特点,一要认真,二要严肃。体育成绩出众的运动员,必然很认真对待他的体育事业;厨艺高超的厨师，一定经常在厨房里练习烹饪技术；武功精湛的武林高手，必定离不开平时的勤学苦练。不经一番寒霜雪，哪得梅花扑鼻香？投资也是一样，认真的态度是成功的根本。

投资是一门学问，并不是有点闲钱，就人云亦云，随机抽样买股票外汇，然后紧张地看价位。连投资理论和基本技术都不具备，何谈认真？

大型金融企业投资，必然认真，即使这样也难免遭遇风险，可是，若无认真的态度，而是心存侥幸，投资会有多少胜算？答案不言自明。

笔者曾问很多朋友："近来有什么投资大计？"他们总是很谦虚地说："没有什么，玩玩而已。"如果这句回答是口是心非，则没什么；但如果是心口一致的答案，则充满危险。

投资不像小孩子玩游戏、玩秋千、玩滑梯、玩积木，玩得高兴固然不枉此行，就算玩得不高兴，也可以拍拍屁股走人。玩投资，就是拿自己的金钱开玩笑。这就好像是在赌博，如果不抱着严肃的态度，随意玩玩，则可能落个身无分文的下场。

在大学里听教授讲课是严肃的，到诊所求医是严肃的，上法庭是严肃的，投资市场同样是严肃的，绝对不可以抱着

玩的态度。

严肃是一种心态，心态会影响行为。

外科医生在手术室中做手术，他对待手术和病人都是很严肃的。在手术进行期间，如果医生用电话和汽车经纪人谈买车事宜，定会受到惩罚。严肃的外科医生，必然要全神贯注工作，对病人的整体情况密切留意，尽可能看得全面，避免有所遗漏。医生的职业操守，要求他把病人的生命放在第一位，病人才是最重要的。

母亲照顾初生的婴儿，也是很严肃的，她留意婴儿的每一个举动，每一个神情，以及婴儿身体的每一个部分，不让婴儿受到任何伤害，有任何异样，她会敏感地察觉。在母亲眼中，婴儿是最重要的。

就投资人的身份而言，投资也是最重要的，所以投资人不应掉以轻心，要以严肃的态度对待投资行为。

什么是严肃态度？那就是投资要有计划，有分析；入市之前有充分准备，资金的安排早有预算；透过走势技术分析买卖的价位，而不是乱买乱卖；投资之后，对于市场的各种变化有应对之策。还要经常留意市场信息，勤奋做功课，这才是以严肃态度对待投资。只有这样，才是一个成功的投资人。

创业并不困难

对于大多数人来说,在资本市场搏杀是一条赚钱的途径,但很难成为赚大钱的途径。要实现自己致富的雄伟目标,做实业似乎更受青睐。如果资金较多,可以开厂,反之可以开家小店,滚动发展,从小到大,很多成功者走的就是这条路。传统的投资理论一般将投资领域划分为三大类:一是生产性投资,即办厂开矿或经营种植业;二是服务性投资,即开办饮食、娱乐等服务企业;三是贸易性投资,即开办贸易公司等。

资金只有投向最能盈利的地方,才能达到利润最大化目标。盲目投资,很可能血本无归。一般来说,初次创业时的投资方向,有如下几个特点。

1.大型不如小型

大型项目建成后,单位成本低,技术基础强,容易形成

支柱产业，但资金需求量大，管理经营难度大。一般的投资者宜选择投资小、见效快、技术难度系数低的投资方向。

2.重工不如轻工

重工业投资周期长、耗资多、回收慢，民间资本不适合涉猎这种领域。加工制造和经营轻工产品风险小，见效快，比较适合民间资本。

3.用品不如食品

我们常说"民以食为天"，食品市场广大，可以说持久不衰。食品业投资可大可小，切入容易，选择余地大。而一般的生活用品市场，显然没有这么多优势。

4.男性不如女性

西方商界有句俗语："做女人的生意，掏女人的腰包。"市场调查表明，社会购买力70%以上掌握在女性手中。所以，投资者若在消费品领域投资，无论是生产还是销售，把客户定位于女性，你将会有更多的机会。

5.大人不如小孩

舍得为孩子花钱在中国已成为一种公认的消费趋势,中国的儿童消费品市场颇具潜力。这一市场弹性大,购买力强。加上年轻父母容易受广告、情绪、环境的影响,其前景十分乐观。在这一领域投资,是投资者正确的选择。

6.综合不如专业

品种丰富,大众买卖,这已经成为一般投资者的思维定式。市场经济是多元发展的,不过这更多的是一种宏观的态势和整体格局,微观领域往往依靠专业化取胜。专业化生产和流通容易形成技术优势和批量经营特色,在竞争中占有优势。

7.新建不如租赁

投资不一定要从头开始,经济发展到一定阶段,许多投资项目可以利用现成的人才、设备、厂房、门面甚至管理机构,这有利于缩短周期,节省资金。

借钱创业需魄力和能力兼备

日常生活中,人们辛苦地攒钱,并非是筹集创业资本的唯一途径。很少有人在创业时就拥有足够的资本,筹资是绝大多数成功者起步的助力。

在凡事追求速度的时代,当你攒够本钱时,商机早与你擦肩而过。借钱并不丢人,丢人的是借不到钱。能借到钱,至少是一种能力的体现,表明你有一定的信誉。

在市场经济大潮中,负债经营是一种常见现象。从企业的生产、个人的消费直到国家的经济行为,无不涉及负债,或者说靠负债支持。在发达国家,我们很少看到个人自掏腰包投资企业的现象。企业的资金筹集,几乎都靠负债的方式。企业在市场发行债券,筹集资金用于生产,是企业对债券持有人的负债。利用债券筹资,是负债经营最明显的形式。企业还可以从银行获得贷款,这是企业对银行的负债,而银行的金钱又来自客户的存款,这是银行对客户的负债。

可见，用负债的办法来进行生产不足为怪，恰恰是不负债才令人感到奇怪。

创业需要资本，能够找到自己拿得出资本的项目固然最好，但是对于看准了的项目，自己没有资本，甚至说自己没有资本又很想创业，怎么办呢？你只有借钱！向亲戚朋友借钱，向银行借钱……

现在这个社会，人与人之间越来越谨慎，借钱创业不是一件容易的事。但是如果能够借到钱，则是一件庆幸的事，也是值得称道的，毕竟还有人信任你、支持你。因此，有心创业的人，要在日常的一点一滴中树立自己的信用。你只有讲信用，才能够借到钱。这种信用包括"硬件"和"软件"两方面。"硬件"是指你有一定家底，"软件"是指你为人信誉好，别人相信你的人品。尽管很多时候，借钱要付出一定的甚至较高的代价，但是至少借钱创业者有敢于承担风险的勇气。钱都不敢借还如何谈创业？借钱是需要还的，本金自然不消说，利息只有关系好的亲戚朋友才不需要你支付——但你同样也为此背负"人情债"。对于银行，你需要按时支付本金和利息。所以，借钱创业不仅需要魄力，还必须有能力。

对于借钱的渠道，除常见的民间借贷外，还有以下几种：

1.银行抵押贷款

给银行提供动产或不动产作为担保来举债的方式称为抵押贷款。一般而言,抵押贷款是目前银行最易接受的方法。

2.政府优惠贷款

政府各级单位,对于创业者亦有提供一些相关的优惠利率贷款或贷款利息补贴的措施。笔者建议创业者应该尽量多地了解此类政府性低利贷款的相关条件与申请方法,虽然申请过程有些烦琐,但目前政府各级单位已将此类贷款的申办手续尽量简单化与便民化,且其利息与还款条件相比其他创业负债的渠道低很多,创业者可以尝试选择使用该渠道。

3.小额信贷

目前,许多银行纷纷推出小额信贷服务。此类贷款的金额约为20万~100万元,还款期限为2~3年,免保人只要提供薪资记录或在职证明,并收取少许贷款信用保证金即可。这类贷款虽然便利,但与其他途径的贷款相比,总资金成本还是偏高,而且申贷者最好在职。如果离职后才想申请此类贷款,可能就会有些难度。信用卡借款也属于小额信贷的一种，借款利率过高，不是一个很好的创业资金的应急来源渠道。

最后，需要特别提醒的是，对于风险太大的项目，创业者千万不要盲目借钱，而是必须做一个清醒的人，三思而后行。

省自己的钱，让别人去挥霍吧

如何才能实现财务自由的目标，成为成功者？光靠工资是很困难的，靠父辈的荫泽也未必有效，梦想中彩票更是希望渺茫。所以，想让人生逆袭最终还得靠自己，让钱赚钱、钱生钱。然而，在成为成功者的路上，不要把省钱给忘记了。其实，省钱也是赚钱。你每省下一元钱，就等于你多赚了一元钱。同时，你口袋里多了一元钱，在"钱赚钱"时又多了一元资本。积少成多，数额可不小。

谁都想做成功者，但走向成功的方式各有各的不同。例如，都市新生代流行今天花明天的钱，利用信用卡等透支工具，花钱如流水。但透支是需要偿还的，拖欠的代价是偿

更多。根据上海一家权威调查机构对上海市内信用卡使用者展开的调查，结果显示上海青年中30%承认自己是"月光族"，还有30%以上因为过度使用信用卡而成了"卡奴"。成为"月光族"与"卡奴"之类的"负翁"，身陷财务泥潭难以自拔，离财务自由之路自然遥遥无期。

英国《金融时报》曾援引一份调查称，当今的美国高收入群体大部分属于"新生代"，日常消费习惯多以节俭务实为主。

美国资深市场研究专家吉姆·泰勒对美国500个流动资产不少于500万美元的家庭进行研究，研究结果显示，目前多数美国富人都来自中产阶级，大都经过自身努力奋斗才跻身富人行列。

调查发现，这些富人对奢侈品的了解有限，他们在购物的时候注重质量、美观和品牌，原则是能省一美元就省一美元。为了找到心仪的东西，他们会选择网上购物。

这些富人甚至给商家提出建议，"不要告诉我我需要什么，我知道自己需要什么""别用形容词，因为这等于暗示我们不会判断东西的品质""也别提'奢侈品'这个词，因为这不符合我们的要求"。

第1章　懂得让钱替自己打工

暴富后的洛克菲勒在外出旅行及洽谈生意时，总是在住宿问题上与服务员讨价还价，最终选择最便宜的房间入住。对此，服务员都感到很奇怪，有一次，便问他："天啊，洛克菲勒先生，你为什么要选择这样的房间呢？你的孩子们每次来我们这里可都是选择最昂贵、最舒适的房间。""这一点也不奇怪，他们之所以这样做，是因为他们的父亲是个百万富翁，而我的父亲却不是。"洛克菲勒平静地回答。

社会上有些人与其说是在遭受缺钱的痛苦，不如说是在遭受大肆挥霍浪费的痛苦。赚钱比懂得如何花钱要轻松容易得多。并非一个人所赚的钱构成了他的全部财富，而是他的花钱和存钱方式造就了他的财富。当一个人通过劳动获得了超出他个人和家庭所需开支的收入时，他就能积攒下一部分钱，毫无疑问，他从此拥有了利用积蓄进行投资的基础。虽然这点积蓄算不了什么，但是它们足以使他获得独立。

节俭是一种美德，许多成功人士都将节俭当成一种习惯。当李嘉诚戴着一只普通的电子表出现在各种场合时，他得到的不仅是经济上的实惠，更多的是公众的尊敬与信任。节俭要求我们克制自己，但却不要放弃正当的享受。它会带来许多乐趣，而这些乐趣是奢侈浪费从我们身上夺走的。

　　节俭并不需要很大的勇气,也不需要很高的智商或超出常人的毅力才能做到,它只需要某些常识和抵制自私享乐的力量即可。实际上,节俭只不过是日常工作行为中的自觉意识而已。它不需要很强的决心,它只需要一点点自我克制,只要马上行动就能立见成效。对节俭的习惯越是持之以恒,节俭就越容易做到,这种行为就会越快给自我克制带来巨大的补偿和报酬。

　　对于那些收入丰厚的人来说,把所有收入花在自己身上,这种做法多么自私!即使他把自己的全部收入花在养家糊口上,而不节省一分的话,也是不顾未来的欠妥行为。当你听说一个收入颇丰的人死后没有留下任何财产的时候——他只留下他的妻子和一个贫困的家,让他们听从命运的摆布,听天由命——你必须承认这是天底下最自私而毫不节俭的行为。最后,这个不幸的家庭会陷入人生的泥潭而无法摆脱。

　　事实上,对于那些低收入群体来说,正是平日里的精打细算——无论这种行为多么微不足道——为以后他和他的家庭遭受人生灾难提供了应急手段,而这种不幸往往在他们最意想不到的时候降临。

　　相对来讲,能实现财务自由的人毕竟是少数,但绝大多数人都具有实现这一目标的能力，即勤奋、节俭和充分满足各人所需的能力。他们拥有充足的积蓄以应对他们年老时面临的意外和贫困。然而，在奉行节俭的过程中，缺少的不是机遇，而是意志力，一个人也许可以做到不知疲倦地辛勤工作，但他们很难避免大手大脚地花钱，过着高消费生活。

绝大多数人宁愿享受快乐而不愿自我克制，他们常常把自己的收入全部花掉，做"月光族"。现实中还有把多年辛勤工作的积蓄在一年中就挥霍精光的故事。

"不要轻率地对待金钱，"巴威尔说，"因为金钱反映出人的品格。"人类的某些最好品质就取决于是否能正确地使用金钱——比如慷慨大方、仁慈、公正、诚实和高瞻远瞩。有的人品质恶劣就起源于对金钱的滥用——比如贪婪、吝啬、不义、挥霍浪费和只顾眼前不顾将来的短视行为。

一个赚多少就花多少的人很难做大事。那些赚多少就花多少的人永远让自己处于贫困的边缘，这样的人必定是软弱无力的——受时间和环境所奴役。他们让自己总是处于没有积蓄的状态，既丧失了对别人的尊重，也丧失了自尊。这种人是不可能获得财富自由和自立的。挥霍而不节俭足以夺走一个人所有的坚毅精神和美德。

在人们变得明智和善于思考以后，他们就会深谋远虑和朴素节俭。一个毫无头脑的人，会把他的全部收入都花光，根本不为未来作打算，不会考虑艰难时日的需要或考虑那些需要他帮助的人们的期盼。而一个明智的人则会为未来作打算。

所以，你需要节省每一项不必要的开销，避免任何奢侈浪费。一项购买交易如果是多余的，无论其价格多低，它都是昂贵的。细微的开支汇聚起来就是一笔巨大的花费！

穷，不仅会剥夺一个人乐善好施的权利，而且当你面对本可以通过各种德行来避免肉体和精神上不良习惯的诱惑时，会变得无力抵抗。不要轻易向任何人借债消费，而应下定决心摆脱贫困。无论你拥有什么，消费的时候都不能倾其所有。贫困是人类幸福的大敌。它毋庸置疑地会破坏自由，并且使一些美德难以实现，使另一些美德成为空谈。

伴随着每一项节俭的努力而来的是做人的尊严。它表现为自我克制，它会产生一种自我管理良好的心态。

有些人可能会说："我没法做到这点。"其实，每个人都有能力做某些事情。"没法做"是一个人走向堕落的借口。没有任何谎言比"不能"更可笑。

即使一个平时身强力壮的人也会被突如其来的偶发事件或疾病击倒。

你应该养成节俭的习惯，在丰衣足食的时候为将来有可能降临到自己身上的无法避免的意外提前做好准备；你应该为免于将来的贫困匮乏而积攒、储备一些东西，就像枯水期修好防洪堤一样。我们要坚信，哪怕是点滴的积累都有可能在自己年老时派上大用场，既维持老年生活水平，维护自尊，又能保持个人舒适和身体健康。节俭绝不是与贪婪、高利贷、吝啬和自私同流合污的行为。

富爸爸曾语重心长地告诫人们："大多数人没有意识到在生活中，不在于你挣了多少钱，而在于你留住了多少钱。"因此，省自己的钱，让别人去挥霍吧！

翻盘

CHAPTER 02

<第2章>

一手拿"望远镜",
一手拿"显微镜"

生活中，一个人要想在经济收入上翻盘，实现财务目标，最令人困惑的莫过于：商机在哪里？商机就是钱，看得见商机并抓住商机就等于与财富为伍。遗憾的是，绝大多数普通人总是在懵懂中无视商机，直到别人赚得盆满钵满时才恍然大悟，但是这时商机已经与你擦肩而过。

我们要是能有一双慧眼，看得清未来，看得明当下，该有多好啊！如果看得清未来，就能抓住牛市的头而不是尾巴；如果看得明当下，就会在该出手时出手。

成功者之所以成功，其中的秘诀之一就是他们相对看得清未来与看得明当下。他们习惯一手拿着望远镜，一手拿着显微镜，随时观察前方，留意当下。一有风吹草动，他们就抢先出手。而普通人往往看到他们出手时才发觉，然而，此时"猎物"已经到了别人手里，哪里还有普通人的机会呢？因此，作为普通人，我们为了让自己能早日翻盘，就要多观察和学习成功人士"一手拿望远镜，一手拿显微镜"这种寻找商机的技巧与方法。

握住财富的金钥匙

"做生意怎么样精明,十三档盘算,盘进盘出,丝毫不漏,这算不得什么!顶要紧的是眼光,做得越大,眼光越要放得远。做小生意的,譬如说,今年天气热得早,看样子这个夏天会很长,早早多买进些蒲扇摆在那里,这也是眼光。做大生意的眼光,一定要看大局,你的眼光看到一省,就能做一省的生意;看得到全国,就能做全国的生意;看得到外国,就能做外国的生意。"这是胡雪岩对自己经商成功的经验总结。

纵观活跃在商业界的各大企业家,谁不是顺应时势的弄潮儿?所谓"时势造英雄",的确有一定的道理。前几年的房地产热,催生了多少富翁?大笔资金投入房地产做开发商,轻松赚上千万元;小额投资仅用于买房卖房,轻松赚百十万元。可以这样说,前几年做房地产生意的人,想不赚钱都难。可是,随着国家政策的不断调整,"房住不炒"成为鲜明导向,此时再投资房地产就有很大风险。

　　李嘉诚先生是人尽皆知的大富豪，他一次比一次成功。如果没有洞悉未来的眼光，只凭虚无缥缈的所谓运气，他很难创出如此庞大的事业。

　　如果你留意过李嘉诚做生意的方式，你会发现，李嘉诚经营的生意，当时并非有很多同行参与，但过一段时间之后，这门生意就会变得非常热门，市场上变得极度兴旺。李嘉诚能够在竞争很小的情况下快人一步进入市场，在市场内奠定根基，对该行业的运作、成本、管理、市场情况、消费者的心态、潜在的竞争对手等有详细了解。等其他人进入这个市场之时，李嘉诚已经成为该行业的领导者。其他新加入者，还在学习、摸索、尝试阶段，李嘉诚已经打好基础，不断提升，其他竞争对手自然难以和他相抗衡。

　　和李嘉诚一样闻名的香港大企业家霍英东先生，也是一位时代弄潮儿。20世纪50年代初期，香港房地产市场刚刚兴起，霍英东就迅速成立了立信置业公司。短短几年时间，霍英东就成为香港知名房地产商。这时候香港的房地产市场很火爆，进入的人不少。霍英东见此情景，马上从国外重金购买20艘大型现代化挖沙船。若要大规模建房，自然少不了沙

第2章 一手拿"望远镜",一手拿"显微镜"

子,霍英东因此赚了大钱。但其他人也不傻,正当其他人纷纷涌入淘沙市场时,霍英东已经取得了香港海沙供应的特许权。当别人正郁闷时,霍英东又从香港房地产火爆与地皮金贵之中,看到了填海造地的前途,他从荷兰、美国等地买来相关设备……这一次,他又占了先机!

有这么一句广告语:"快人一步,理想达到。"从对大多数成功者的研究分析中我们可以看到,成功首先来自对未来的科学预见和高瞻远瞩。在创业的搏击场上,一个人只有拥有洞悉未来的能力,才能够先人一步将机会握在手。他们拥有捕捉商机的"望远镜",这就是众多成功者行事的习惯,也是他们成功的秘诀。

被人誉为"电脑神童"的美国微软公司总裁比尔·盖茨,连续多年蝉联世界首富,引起了世人的注目。他的成功之道除了电脑时代所赋予的机遇外,更重要的是他能够高瞻远瞩,拥有远见卓识,善于洞察先机。

美国钢铁大王卡耐基事先就知道,铁路时代必定会到来;日本"经营之神"松下幸之助事先就预测,电气化时代必然会来临……

美国通用电气公司董事长威尔逊曾这样说:"我整天没有

做几件事，但有一件做不完的工作，那就是计划未来。"美国建筑业巨子比达·吉威特十分注意掌握信息，善于预测市场。1930年，在建筑业不景气的情况下，他预测公共投资将旺盛；1940年，他预测防卫工程特别是空军基地建设要扩大；1950年，他预见高速公路及导弹基地建设高潮将到来；1960年，他又预见都市交通网的大发展。正因为他的先见之明，事先准备充分，比达·吉威特在承接建筑项目时才会先人一步。

由此可见，身处市场经济浪潮之中，无论你是从商还是打工，都应该具备一些预测经济大势的能力。判断得正确，对于个人的发展有重要意义。如果不懂判断，可以虚心一点，多看各大专业媒体上经济专家的分析。虽然他们的分析不完全准确，但毕竟可以作为参考的材料。

培养看清远方事物的洞察力

在日益健全而又成熟的市场经济秩序下，市场犹如一盘盘简单明了而又变化万千的棋局，局局如新。只有摸准了时

第2章 一手拿"望远镜",一手拿"显微镜"

势的脉搏,踩对了时势的节拍,才能顺应潮流,轻松赚取利润。

每一波潮汐,都是大自然有形的呼吸。可是,在这潮起潮落之间,或许就孕育了一场生命的大变化,完成一次历史的大跨越。时势造英雄。晚清巨商胡雪岩则说:"做生意,把握时事大局是头等大事。"没有相应的社会环境、外部助力,就没有英雄成长的土壤和其他条件,真正的英雄必须能够驾驭时局,胡雪岩就是这样善于驾驭时势大局的顶尖人物。而善于驾驭时势大局的前提是对局势的提前察觉——这就是我们所谓的"望远镜"。

当30岁的贝佐斯上网浏览,发现一个神奇数字时,互联网就已经把一个大好机会拱手交给了贝佐斯。这个神奇的数字就是:互联网使用人数当年以2300%的速度在增长。就在这一刻,贝佐斯明白了自己的使命,开发网上资源,创立自己的网上王国——亚马逊公司。他辞去华尔街收入丰厚的工作,决定自己创业。如今,贝佐斯的亚马逊公司市值高达两万亿美元。贝佐斯的成功,无非是看准了互联网使用人数急剧攀升的势头,在这个势头下,他自然赚得盆满钵满。

毫无疑问，一个人要是能预知未来，成功不在话下。你知道牛市来临，而且确切地知道明天股市涨停板上的股票有哪几只，你知道房地产市场会持续走高……在这一前提之下，你想不成功都难。不过，很遗憾的是，看清远方事物的望远镜有地方买，看清未来的望远镜却没有地方买。你要想拥有一副看清未来的望远镜，需要从以下几个方面努力。

1.密切关注社会发展

社会局势的变化，往往蕴藏着巨大商机。一个机遇如巨浪般翻滚而来，有人乘浪头扶摇直上，有人仍停留在波浪的谷底。随着商业浪潮的起伏不定，人与人之间财富的多寡、创造价值的高低，不断发生变化。潮流每来一次，很多人的命运就被改写一次。

时势造英雄，富豪们最善于从细微处看出未来发展的脉络。香港巨富胡应湘在初涉内地商海时，和李嘉诚等联袂在广州兴建中国大酒店。胡应湘在经营中国大酒店的过程中，发现这1200个房间正常营业后，广州总电力要被消耗2%。此时，他意识到财神在向他招手。

当时我们正步入一个经济发展的快车道，能源紧缺问题一定会越来越明显。从中国大酒店的用电状况，胡应湘看到了投资电厂的巨大潜力与前景。

在精密筹划下，一座位于广东深圳沙头角，有两台35万千瓦发电机的发电厂，以破世界纪录的速度，在22个月内建成投入使用。这个投资约40亿港元兴建的项目，是香港与内地合作的一项重大成果，也是当时中国签署的最大的合作经营项目之一。

胡应湘的电厂，现在早已依约成为深圳特区的财产，在八年多时间里，胡应湘已经赚得盆满钵满。

2.时刻关注政策调整

政府政策在很大程度上影响经济的发展，它可以给一个地区优惠政策，使这个地区迅速发展起来，也可以给一个行业优惠政策，使这个行业走在时代前列。

生财有道的人，是最善于把握政策变化的人。他们常常利用国家或地方新颁布的政策，为自己的商业活动制订进攻或防御计划。孙寅贵早年在青岛市黄岛开发区买了一块价格为500万元的地皮，不久之后升值，有人欲以2000万元购买他手里的地皮。在1500万元差价的诱惑下，孙寅贵拒绝了这笔买卖。因为他当时收集到了一个重要信息，中国外交部部长钱其琛邀请了韩国外交部长到中国参观访问。孙寅贵对这件事很关注，在他看来，韩国外交部长访华，两国关系很可能进入一个新阶段，随之建立外交关系。韩国是"亚洲四小龙"之一，与山东半岛一衣带水，而青岛又在山东半岛的最佳位置上。就是因为没有建立正式的外交关系，才限制了韩国人在山东的投资。如果中国与韩国建立了外交关系，青岛必然会成为韩国商人的首选投资地。果然不出孙寅贵所料，韩国外交部长来北京后，没几天就谈妥了建交问题，签订了建交公报，而且韩国总统卢泰愚不久后也将访华。消息传出后，黄岛的地价可谓是日新月异，一涨再涨。孙寅贵那块花了500万元买来的土地，后来价格超过6000万元。从孙寅贵购买黄岛土地这一事例中，我们就可以清楚地看到宏观政策对企业经济行为的重大影响，以及政治信息的重要性。

无论你是投资资本市场还是做实业，都与国家政策制度、法律法规有紧密联系。

依据政府宏观政策做出决策，说起来容易做起来难。政治现象远远要比经济现象复杂,它常常扑朔迷离,令人难以捉摸。投资者若没有丰富的社会经验、良好的感悟能力和深邃的洞察力,是不可能捕捉到真实的政治信息的。

3.洞悉行业发展趋势

你所在或有意进入的行业的信息,是你最应该下功夫收集、整理与分析的。当今社会,各种高新技术层出不穷,每一项新科技的出现,都有可能带来行业大洗牌。若你处于一个夕阳行业,就要及早为自己谋划好退路。即使处于一个朝阳行业,你同样要了解行业的发展趋势,及时提升自己的竞争力,做到利益最大化。

如何更准确地了解行业?一是找本行业或本专业的相关网站平台去搜集行业信息;二是去图书馆查询本行业或本专业的杂志和期刊,很多专业期刊在网上是无法查询的;三是经常和业内专业人士交流与讨论。做到这三点,你会对本行业或本专业有所了解,但最终的决定权在你自己手上。

4.敏锐把握潮流脉搏

有一天,你走在街上,突然发现人群中开始流行某种你认为陈旧款式的衣服；或者走进酒吧，听到某句你听不明白的口头语；或者在公司里发觉人人都在玩某种你不懂的玩意儿。这些"突然间"流行起来的事物，大有蔓延的趋势，人人都为之着迷，争相仿效。其实这是社会趋势呈现的一个模式，开始时，具有隐而不显的特质，一般人不易察觉，但商业嗅觉敏锐的人则能从中窥见端倪。有些社会趋势，甚至会影响某些行业的盛衰。

例如，许多年前流行过的呼啦圈，在2004年"非典"过后，在全国各地又异常火爆起来。在"非典"令许多商家欲哭无泪、束手无策的时候，有眼光的商家预测"非典"过后必然出现健身热，将呼啦圈这一大众化的健身器材再次推出，结果流行热度居高不下，大赚一把。

商机就在司空见惯的事情中

商机在哪里？

很多司空见惯的事情中，其实都藏有赚钱的商机。开创中国楼宇广告传播先河的分众传媒CEO江南春，多次登上中

第2章 一手拿"望远镜",一手拿"显微镜"

国富豪榜。江南春的分众传媒被认为是中国户外视频广告的领导者,被媒体称为"在电梯口发现了商机"。那么,他是如何发现这一商机的呢?

2003年,江南春在上海太平洋百货电梯口,因没赶上电梯,在电梯门关闭的一刹那,被电梯门上的广告吸引了,一个在电梯上打广告的念头冒了出来。他在思考,电视是什么?为什么白天时段的电视广告比较少?为什么不能把上班的白领锁定为主要广告人群?

从平常人司空见惯的等电梯一事,江南春利用"显微镜"观察,发现了一个巨大的市场。依靠楼宇广告,江南春迅速成为广告行业领军人物。

如果说那些成功企业家的致富之路看上去太梦幻,下面不妨看一个来自农村的打工妹是如何运用"显微镜"从平常事物中掘到金子的例子。一个名叫王淑梅的在京打工妹,下班后看见社区门口有一群扭秧歌的中老年人,这在城市里已司空见惯,但生于农村、对扭秧歌略有了解的王淑梅捕捉到了里面的商机。她辞去餐馆的工作,回乡下系统地学习秧歌之后,于2005年回到北京做起了秧歌教练,把原汁原味的秧歌带到北京。现在的王淑梅,不仅自己教秧歌，还聘请几个在扭秧歌方面很专业的老乡来北京，把自己的秧歌培训做得红红火火，学员中甚至不乏外国人。据悉，王淑梅拿出自己这两年办秧歌培训的积蓄在东城区买了一处废弃的大厂房，经过装修后开办了一家"秧歌培训学校"。可以想象，打工妹与成功者之间的距离已经不再遥远。

由此可见，成功不是偶然的，从平常中发现不平常的商机，是成功者脱颖而出的一个重要原因。一个人若想人生翻盘，就需要多多向成功者学习，学习他们从平常之处见真金的细心与敏锐，凡事多问几个为什么。要发现需求，善于创新，有需求就有市场，有创新就有商机。

商机存在于问题之中

问题随处可见，没有人生活在一个完美的世界。对于普通人来说，发现问题也许会引发一顿牢骚或烦恼，但对于成功者来说，发现问题常常意味着发现财富的影子。成功者面对问题时，习惯于开动脑筋来解决它。日本有一个叫加藤信

第2章 一手拿"望远镜",一手拿"显微镜"

三的年轻人,在用本公司(狮王牙刷公司)生产的牙刷刷牙时,牙龈屡次被刷出血。他决心改造牙刷。借助"显微镜",他发现市场上所有的牙刷毛顶端都呈锐利的尖角(因为机器切割而成),正是这些尖角的存在,导致容易损伤牙龈。找到了问题的根源,加藤信三联合同事开发出了新的切割技术,使牙刷毛不再呈尖角,从根本上解决了刷牙伤牙龈的问题。改进后的狮王牙刷在市场上一枝独秀,顾客如云。加藤信三作为公司的功臣,很快就从普通职员升职为主管,并在十几年后成为狮王公司董事长。

笔者再以汽车旅馆的兴起来谈谈"问题"与"商机"之间的紧密关系。美国第一家汽车旅馆是由美国人凯蒙·威尔逊于1952年创立的。这个点子来源于凯蒙·威尔逊对于旅馆的不满。原来,凯蒙·威尔逊带全家驾车外出旅游,旅途虽然愉快,但旅程中所住的旅馆给他留下不好的印象:高档豪华的旅馆太贵,而低消费的旅馆则环境太差,此外,停车、维修、加油等问题,也很难在旅馆附近解决。20世纪50年代,美国汽车大规模普及,而与之不匹配的是:没有一家专门为自驾旅行者服务的旅馆,这令许多自驾旅行者感到很不方便。凯蒙·威尔逊认为如果能解决这个问题,就一定会赢得消费者的喜欢，赚到大钱。1952年，一家叫"假日酒店"的自助式廉价汽车旅馆在凯蒙·威尔逊的精心策划下问世了。这家汽车旅馆将顾客定位为驾车旅游者，将众多的贴心服务捆绑在一起，令驾车者十分方便，而且价格不高。因此，他的汽车旅馆刚一问世，就受到了驾车旅游者的热烈欢迎。到1989年年底，凯蒙·威尔逊拥有、经营或签有特许经营合同的旅馆共达1606家，客房总数320599间，分布在全球52个国家和地区。

20世纪50年代，美国汽车普及，与我国目前汽车的广泛普及很相似。美国50年代自驾车旅游者遇到的问题，我国现在也遇到了。作为一种新兴的休闲方式，自驾游的魅力的确让人耳目一新。进入汽车时代的人们开始享受自驾游的假期，在很多景点都可以看见自驾游的游客。对于中外企业在国内旅游发达城市率先发展汽车餐厅、汽车旅馆，有关专家一致认为，前景可观，从长远来看，市场有后发优势。

汽车旅馆由于价格低廉，设施简单，前期投资并不大。国外的汽车旅馆一般只有客人登记住店或结账离店时才有服务人员为旅客提供当面服务；旅馆也没有设施豪华的餐厅、休息室等，客房一般较小，没有书桌、文具、装饰品，也没有壁橱和衣橱，只有床、行李架和柱式衣架等基本设施。同时，提供零售汽车配件及加油等服务。

此外，经营者可以在汽车旅馆设置报刊、图书和音像制品的零售货架，在提供一个有文化氛围的休息场所的同时扩大报刊、图书及音像制品的销售市场；还可以结合自身的特点开办土特产品邮购业务，出售集邮纪念品等。

笔者通过汽车旅馆的例子，目的是想向读者提供一个寻找商机的方法：找出目前产业或市场中的问题，然后解决问题，创造出令消费者更舒心、更贴心的产品或服务，自然会赚取利润，大获成功。绝大多数的发明、商业创意，都来源于对问题的解决。

既要显微，又要望远

现实中，成功者常常一手拿"显微镜"，一手拿"望远镜"，两"镜"交替使用，互相佐证，互相补充。

改革开放四十余年以来，大多数国人经历了三次致富的绝佳机会,但因此而致富的只有极少数人。第一次是20世纪80年代中期的下海经商,因为摆脱不了过去"投机倒把罪"的阴影,或者无法摒弃传统重工轻商的思想,以及对于经商前途的不看好,大多数人都错过了;第二次是20世纪90年代初期的股票,大多数人认为是"资本主义"的糟粕或其他原因而错过;第三次是2000年开始的房地产,在一路高歌中总是因怀疑而错过。

机会永远存在,而且伴随时代的迅猛发展,机会来去更频繁、迅速。每一种新技术的出现,都有可能颠覆原有的商业格局,造成财富的大洗牌。普通人要在这动荡的牌局中抓一副好牌,不能凭运气,要拥有眼光与智慧。毫无疑问,在频繁的财富洗牌中,普通人只有拥有"显微镜"与"望远镜",才能异军突起,成为成功者。而成功者要想保住财富或者再攀高峰,也需要拥有"显微镜"与"望远镜"。

保持独立冷静的思考习惯

当今的财富榜犹如一个喧哗的舞台,你方唱罢我登台,

第2章 一手拿"望远镜",一手拿"显微镜"

极少有常青树。有人难免躲在舞台的幕布后叹道:时来铁成金,运去金成铁。是的,"时"与"运"对于一个人的财富拥有数量有重要作用,但成功者往往能如笔者前文中所提及的知名企业家一般,在"时来"时把铁变成金,在"运去"前把金捂在口袋里。而做到这一点,最需要的是有预见。"预见"两个字说起来容易做起来很难。它要求普通人不能被眼前的迷雾所蒙蔽,有一双看穿事实的慧眼;要求不凭空臆想,有很强的逻辑思维能力。

亿万富翁亨利·福特说:"思考是世上最艰苦的工作,所以很少有人愿意从事它。"世界著名成功学大师拿破仑·希尔在《思考致富》一书中强调,仅仅最努力工作的人最终绝不会富有,如果你想变富,你需要"思考",独立思考而不是盲从他人。成功者最大的一项资产就是他们有冷静的思考方式。

胡雪岩在他的鼎盛时期能够纵横商场,主要在于他有在复杂局势中分辨出"必不可易之大方向"的过人眼光。比如在生丝销洋庄的生意中,就显示出他这种过人的眼光。

为了结交丝商巨头,联合同行同业,以达到顺利控制市场、操纵价格的目的,胡雪岩将在湖州收购的生丝运到上海，一直囤到第二年新丝上市之前都还没有脱手，而这时出现了几种情况：一是由于上海小刀会的活动，朝廷明令禁止将丝、茶等物资运往上海与洋人交易；二是外国使馆联合会衔，各自布告本国侨民，不得接济、帮助小刀会；三是朝廷不顾英、法、美三国的联合抗议，已经决定在上海设立内地海关。

这些情况对于胡雪岩正在进行的生丝销洋庄生意来说，应该是有利的，而且其中有些情况是他事先"算计"过的。一方面，新丝虽然快要上市，但由于朝廷禁止丝、茶运往上海，胡雪岩的现有囤积也就奇货可居；另一方面，朝廷在上海设立内地海关，洋人在上海做生意必然会受到一些限制，而从洋人布告本国侨民不得接济、帮助小刀会，和他们极力反对设立内地海关的情况看，洋人是迫切希望与中国保持一种商贸关系的。此时胡雪岩联合同行同业操纵行情的格局初见成效，继续坚持下去，迫使洋人就范，将现有存货卖出一个好价钱，应该不难。

但正在这个关键时刻，胡雪岩出人意料地决定将自己的存丝按洋人开出的、并不十分理想的价格卖给洋人。

胡雪岩之所以做出这一决定，就在于他从当时的各种情

第2章 一手拿"望远镜",一手拿"显微镜"

况预测出了整个局势发展的方向。当时太平天国已成强弩之末,洋人也敏感地意识到这一点,正急切地想与朝廷接续"洋务"。同时,虽然朝廷现在禁止本国商人与洋人做生意,但战乱平定之后,为了恢复市场、复苏经济,"洋务"肯定会继续下去,因而禁令必会很快解除。按历来的规矩,朝廷是不与洋人直接打交道从事贸易活动的,与洋人做生意还是商人自己的事情。正是从这些一般人不容易看出来的蛛丝马迹中,胡雪岩看出了一个必不可易的大势,那就是他迟早要与洋人长期合作做生意。

在胡雪岩看来,朝廷的各级官僚从来不会体恤为商的艰难,不能指望他们会为商人的利益与洋人去论斤争两。因此,与洋人的生意能否顺利进行,最终只能靠商人自己的运作。既然如此,不如先"卖点交情给洋人",为将来与之见面与合作留有余地。出于这种考虑,胡雪岩为了迁就洋人而低价卖丝的行为就显得非常高明。

这就是胡雪岩眼光长远之所在。这笔生意做下来,他虽然没有赚到很多钱,但由于有这笔生意"垫底",胡雪岩为自己铺就了一条与洋人做更大生意的通途。事实上,胡雪岩在这笔生意中"卖"给洋人的交情,很快就为他带来了与洋人生丝购销的三年合约，为他以后发展更大规模的洋庄生意，为他借洋债发展国际金融业，开创了一个良好的开端。

大部分无法聚积足够资金以供所需的人，通常容易受他人意见所左右，他们用新闻和邻居们的闲话来代替思考。意见是世界上最廉价的商品，每个人总有大堆意见可以提供给任何愿意接受它的人。假如你在下决心时，习惯受他人左右，那么，你在任何事业上都难以成功，想将自己的欲望变成金钱、让自己的人生翻盘，更是没有可能。

"银发市场"将迎来历史性机遇

据有关资料分析，目前颇为看好的市场是"银发市场"。什么叫"银发市场"？顾名思义，指的是针对老年人（银发）的市场。

依照传统的商业观点，高收入群体、女人、儿童的市场是含金量最高的，而老年人属于商业的"贫矿"。不过，万事万物都在发展变化，正是这些发展变化造就了所谓的商机。据有关人士判断,"银发市场"正迅速膨胀,很快会成为一个巨大的商业蛋糕。根据国家老龄委近年来所统计的数据分析,目前,我国人口老龄化程度越来越明显。人口老龄化是世界各国共同面对的一项挑战,然而对企业来说,却意味着一个商机无限的市场。目前,中国老年人用品市场的需求量约为70000亿元(每年仅老年人的服饰穿着消费潜力至少有1000亿元),到2035年将达到30万亿元。现阶段,全国为老年人提供的产品不足10%,离市场需求差距很大。

目前,国外流传一种说法,即"银发市场"将成为本世纪最赚钱的十大行业之一。有识之士不应错过这个商机。总体说来,"银发市场"不仅涉及适合老年人的衣、食、住、行、康复保健,还包括老年人的学习、娱乐、休闲、理财和保险等。随着老年消费在社会消费中所占比例的不断提高,各国企业界、社会服务业都已瞄准他们的特殊需求,为他们提供贴心的服务和产品,甚至在每种产品的通用设计中,注重考虑"银发族"的特殊需求。下面是"银发市场"中几个适合个人创业的商机。

1. 老年公寓市场

多年前，哪家老人要是住进了老年公寓，其晚辈肯定要承受一些社会压力。那时，老年公寓与传统的敬老院一样，是专供孤寡老人养老用的。现在，这种看法已经有了很大改变。随着家庭结构"四二一"模式的明显化，多数老人都是老两口生活或独居，这对于那些体弱多病、行动不便的老年人来说生活很不方便，同时还要忍受孤独和寂寞，长此以往，会影响老年人的生活质量，他们非常希望能与众多老年朋友为伴，一起安享晚年。这种情况下，老年公寓成为一个潜在的商机。此外，老年公寓与时俱进的人性化服务，也博得了不少老年人的欢心。

《老年生活报》上曾报道了这样一则新闻：77岁高龄老人创业办老年公寓创收百万元。文章讲述的是一位叫孙重的82岁高龄老人，在77岁时创办和顺山庄老年公寓的故事。孙重的和顺山庄老年公寓远离喧嚣的都市，坐落在重庆一个山村。在山庄附近的山顶，能俯瞰嘉陵江、远眺朝天门。在这里，还能吃到山庄自产的无公害蔬菜、蛋、肉等。孙重最初接手老年公寓时，东拼西凑花了几十万元。

第2章 一手拿"望远镜",一手拿"显微镜"

几年里,又翻修整理了房屋、庭院,开发了上山步道等。现在已经有人愿意出200万元买他的老年公寓,山庄增值百余万元。

这个项目虽然针对的是"夕阳"人群,但却是一个朝阳行业。值得提醒的是,由于项目有一定的公益性质,资金回报周期较长。投资者要想加快回报周期,最好将目标锁定高端客户,用质优换价优,这样利润会有更可靠的保证,而且高端客户及其子女思想开明得多,不会认为老年人进老年公寓是一种"丢脸"行为。

此外,由于老年公寓带有公益性质,许多地方都有一些扶持的优惠政策,投资者可以利用这些政策,取得当地政府和有关部门的支持,享受免税、降低房租等待遇,最大限度地降低运营成本。

对于老年公寓的运营,一定要在服务上下功夫。古代圣贤云"老吾老以及人之老",要将这句话悟透。具体来说,老年公寓要配备专门的服务员和保健医生,定期为老年朋友进行日常服务和健康保健,并且对老年朋友的服务越细致越好,包括为老年人提供免费修鞋、修拉链、缝裤脚、钉扣子等细微服务,从细微工作中提高老年人的满意度。只要服务到位,在老年人中树立良好口碑，会给投资者带来无限客源，这比打广告要有效得多。

2.老年人服装市场

多数服装厂商认为，老年人的服装只要能遮体保暖、价格低廉就可以，其他的不要考虑。然而事实并非如此，爱美之心，人皆有之。如今老年服装款式和色彩的单一性是阻碍老年服装市场发展的一个重要因素。许多老年人抱怨，如今市场上可供选择的老年服装极少，要买到款式和色彩都称心的衣服鞋帽太难。在国外，有些老年人服饰已打响品牌，进而发展成专卖店、连锁店。

如果没有开设老年人服装厂的实力，开一家老年人服装专卖店也是一个不错的点子。此类专卖店正在各类城市逐步兴起，生意都不错，远未达到市场饱和程度。而且，这些专卖店正处于起步阶段，门槛不高，谁有本事做精、做大，谁就有可能获得更大利润。

3.老年人文化娱乐市场

老年人自身的生理、心理状况形成了其特殊的消费需求。许多老年人在文化方面的需求较强烈,例如现在许多大城市的老年人流行进老年大学再学习,以填补自身的知识空白。有的老年人则对养鸟、种花情有独钟;有的老年人比较"新潮浪漫",喜欢庆祝金婚、银婚,重拍结婚照;还有的老年人则偏重于唱歌跳舞。随着人们生活水平的进一步提高,老年人的消费能力越来越强,人们对文化品位的要求也越来越高。但是,目前许多中小城市的老年文化娱乐市场还很薄弱。进一步拓展老年文化娱乐市场是一条不可多得的生财之道。

笔者前文中提到的在京打工妹王淑梅,瞄准的就是北京扭秧歌的老年人,做秧歌教练在北京掘到了第一桶金。

4.老年人旅游市场

在都市生活久了谁不感到压抑与烦闷?"现在孩子长大了,我们的负担减轻了,很希望出去走走看看……"退休的胡老先生如是说。随着我国经济实力的增强,像胡老先生这样想出去旅游的老年人着实不少。目前,不少旅行社纷纷推出了"银发游"活动,争夺老年游这块诱人的"蛋糕"。帮父母报名参团旅游的李先生说,让父母外出旅行,既开阔眼界，又有益身心健康，比吃补品强多了。随着社会劳动保障体制的完善，老年人衣食无忧之后还有一些积蓄，这为老年人参加旅游活动、丰富晚年生活提供了便利条件。

因为其年龄的特性，旅行社在组织老年人出游时必须让他们受到"优待"，让他们坐高级的大巴、住舒适的酒店，而且价钱不能太高，因为老年人对价格相对敏感挑剔。由于老年旅游人群众多，旅行社只要细心经营，选好路线和旅游品种，对老年游客多加照顾，获利指日可待。

另外，据业内人士分析，目前我国老年人用品市场正处于起步阶段，"物以稀为贵"，专门的老年人用品店的销售利润较高，特别是面向高端个性化的老年客户的商品比其他同类产品售价高50%以上，先行一步的创业者自然大有赚头。

值得注意的是，"银发市场"是一个可持续发展的特殊朝阳行业，但任何行业均有风险。以老年公寓为例，一个中高档的养老院投资在千万元以上（如果选择租借场地会节省大量初期投资，因此推荐租借场地），大约需要10年才有回报。除了资本回收周期长的问题外，投资老年市场也要考虑到竞争，从环境竞争到服务竞争，再到争取政府的政策支持，这是一个不断完善的过程。总之，创业者在决定创业之前，一定要多看看、多想想、比一比、算一算，要做好充足的市场调查，不能头脑发热。

翻盘

CHAPTER 03

<第3章>

另辟蹊径,大胆创新

"众人没好汤。"通常而言，真正的成功者是不会选择众人趋之若鹜的行业的。毕竟，某一行业的市场规模常常是有限的，如果大家都去争抢的话，结果只有喝"汤"的份儿。因此，创业者如果想要翻盘，想要赚取高额利润，最好避开火爆扎堆的行业。

那么，我们如何才能用好这一赚钱法宝呢？首先，思想要解放，观念要创新；不拘泥于常规，敢为人先。其次，不能脱离实际。另辟蹊径必须是市场所需求的。最后，市场分析必不可少。想要用好这个法宝，仅做到"人多则避"这一点是远远不够的，我们在另辟蹊径的时候，还需要弄清楚自己所生产或经营的与众不同的产品到底有多大的市场规模，竞争对手有多少，市场饱和度如何等问题。只有这样，才能做到稳打稳赚。

其实，创富的本质就是创新，是不断打破旧的限制、建立新市场的过程。求异创新、另辟蹊径是实现人生翻盘、走向成功目标的法宝。

不随大流,另辟蹊径

众所周知,普通人如果只会趋之若鹜,那他不可能实现人生翻盘,干出多大成绩,有多大作为。普通人想要改变命运,让自己的财富上升一个台阶,就要敢于走别人没有走过的路。

或许,下面的故事离我们当下的时间有些久远,但是故事中主人公逆天改命的经验历久弥新,值得我们借鉴。

19世纪中叶,美国旧金山发现了金矿的消息传出之后,世界各地希望一夜暴富的人都纷纷涌向这里,很快便掀起了一股"淘金热"。

一个名叫李威斯特的犹太青年也加入了这支庞大的淘金队伍。然而,在他历尽千辛万苦来到旧金山,在淘金工地折腾了很长一段时间后,同多数人一样,没能找到一块金子。渐渐地,李威斯特觉得跟随众人一窝蜂似地找金子对于自己也许不是一条可行的生财之道,要想发财,还得另辟蹊径。

众所周知,犹太民族向来善于经商,李威斯特作为其中的一员也不例外。随着越来越多的人来到淘金之地,这里自然形成了一个巨大的消费市场。极具经商眼光的他很快就发现了商机——如果自己为淘金者提供商品,可能钱会比直接淘金来得更容易、更稳当。说干就干,他将自己所剩不多的路费和伙食费作为本钱,开了一家小商店,专卖一些日用品,包括露营用的帐篷和马车车篷等,生意果然不错。不过,由于本小利薄,赚得不是很多。

一次,一位淘金者来到李威斯特的商店买东西时,大发感慨地说:"我们整天爬山搬石头,这些棉布衣服破得实在是太快了,要是能用你的帐篷布做衣服,就耐用多了!"

说者无心,听者有意。顾客随意的一句感慨把李威斯特点醒了。他的脑子飞快运转起来,如果自己破例用帆布做成服装,说不定真会受到淘金者的欢迎。要是果真如此,那可是一条生财之道。试想一下,此刻,这里有千千万万的淘金者,每人买一套这样的服装,其收入之丰厚可想而知。很快,他把自己店里剩下的那些帆布帐篷改做成衣裤。结果,刚摆到店里准备出售,就有淘金者愿意出较高价购买,没过多久,所有的帆布衣裤全售完了。首战大捷,让李威斯特信

第3章 另辟蹊径，大胆创新

心大增。接下来，他拿出自己所有的积蓄，从帆布商处购入一大批帆布，请服装厂按他的设计缝制成服装。大批量生产的帆布服装还特意增加了几个口袋，便于淘金者放锤子、钳子等工具和金矿石。

这种帆布服装耐磨耐穿，口袋还便于存放工具和矿石，比棉布工作服要优越得多，因此深受淘金者欢迎。后来，尽管李威斯特不断扩大生产，但还是满足不了顾客的需求。就这样，李威斯特大发一笔，比其他任何淘金者赚的都要多。

当然，成大事者是不会满足于现状的，李威斯特乘胜前进，他在旧金山开设了专门缝制淘金者服装的工厂和零售店，并成立"李威斯特服装厂"。服装厂成立后，为了更多地满足淘金者的需要，李威斯特组织一批技术人员对淘金者的劳动特点进行调查研究，然后不断改进裤子的样式。

经过反复的革新改进，李威斯特的矿工服不仅矿工爱穿，也受到了美国年轻人的青睐。随其式样的基本定型，它有了一个特定的名字——牛仔裤。慢慢地，李威斯特的牛仔服生意越做越大，逐步风行世界。而今，其年营业额高达数亿美元。

什么是商业机遇？我们暂且不去下定义，但是我们可以逆向思考，如果大家都觉得干某件事是个很好的商业机遇，那这就可能不再是机遇。

年轻的李威斯特本来是抱着"淘金发财"的美梦来到旧金山的,后来却从庞大的淘金队伍中退了出来,另辟蹊径,而且最后结果证实了他当初"改行"的预测:如果自己为淘金者提供商品,可能钱会比直接淘金来得更容易、更稳当。所以,从某种意义上说,是不随大流、另辟蹊径给李威斯特带来了滚滚财源。

小公司创新,也有大作为

葆拉·金是美国华盛顿的一名妇女,2003年她被诊断患有癌症。葆拉的朋友们闻讯,都非常关心,纷纷过来看望并送给她很多保健食品。但根据医生的诊断,葆拉的消化系统不能承受玉米类食品,而当时美国食物中通常或多或少含有玉米成分,更要命的是,有时玉米并未被列入成分表。因此,葆拉不敢吃朋友们送来的食品。

葆拉对于这些食品犯了愁,她本来想将食品转送给朋友苏珊·拉文斯,但苏珊告诉葆拉,她对小麦过敏,而小麦是食

第3章 另辟蹊径，大胆创新

品中另一种常见成分，并且也不一定被写在成分表中。

葆拉和苏珊可谓同病相怜，不过她们并没有因此而产生怨恨。她们通过相同的境遇，想到了一个商业创意，这个创意后来给她们带来了滚滚财源。葆拉和苏珊创办了一个名叫 Healthy Goodies Gifts.com 的网站，向那些像她们一样有特殊饮食需求的人们推销定制的礼物食品篮。两年后，她们的小公司获得史蒂威妇女企业经营奖，成为 2005 年最具创新精神的公司。

她们成功的经验说明以下几个相互联系的方面：

（1）创新是全世界企业成功的关键。

（2）因需求而产生的最简单的构想，有时能带来意想不到的收获。

（3）创新有时并不需要企业巨头的投资，也不需要使用重点大学的实验室。

Inc.com 网站在 2002 年 10 月刊登的一篇文章中谈到一个例子：制袜商吉姆·特罗内布格发现美国人在从事不同的体育运动时需要买不同的鞋。Inc.com 网站引用了吉姆·特罗内布格当时所说的话："如果鞋子需要适合不同的功能，我想我需要设计出配合鞋子的袜子。"他的公司随即开发出超过

25种适合各类体育运动的袜子,其中包括专为满足一位打高尔夫球顾客需要的袜子——因为曾有顾客抱怨说,她打高尔夫时袜子总是滑到鞋底。吉姆·特罗内布格的创新难吗?也许你会说一点也不难,但为什么别人没有想到,或即使想到了却没有去做呢?

提到创新,有些人总觉得它离自己太遥远,似乎只有极少数人才能做到。其实,创新有大、有小,其内容和形式也各不相同。创新活动不只是科学家和发明家的专利,它普遍存在于人们的生活中。很多人都在自己的工作、生活中进行创新性活动,迸发出创造的火花。只有在事业上不断产生新的追求、新的理想、新的目标,才能在实现这些的过程中产生新的幸福。

笔者在不久前的一个电视节目里,看到有这样一个案例:一个在学校旁边卖运动鞋的店铺,仅仅因为在店铺里多摆了一张乒乓球桌,就令生意直线上升。奥妙何在?原来店主发现不少买运动鞋的学生最苦恼的是鞋子不合脚。这种不合脚,运动不剧烈时感觉不出来,因此在购买时试不出效果,只有等到打篮球或跑步时才真正感觉出来。店主当然不可能在店铺里开一个室内篮球场供学生们玩耍兼试鞋,但他有足够的空间摆一张乒乓球桌。来买运动鞋的学生,一则可以试鞋,二则可以娱乐。结果,他的这项举措为他赢得了大量客源。

识人之弃,开创新路

精明的生意人,常常能够凭其慧眼,辨识出别人放弃的商机。

30年前的日本,有一天,有一个人来向经营不动产业的渡边正雄推销土地。来人说:"拿须有一块几百万平方米的高原空地,价钱非常便宜,一平方米只卖60多日元。您愿意购买吗?"

其实,这是一块山间的土地,推销员几乎向东京都内所有的不动产业经纪推销过,但没有一个人对它感兴趣。当时的拿须是一个人迹罕至的地方,没有道路,也没有水电等公共设施,其价值几乎等于零。

但是,渡边正雄听到这一消息后却异常兴奋。为何他会是个例外呢?

后来,渡边正雄向世人道出了自己当初的想法:"拿须虽然是一片广阔无边的高原,但跟天皇御用邸(别墅)相邻,这会令人感觉置身于与帝王一样的环境里,能提高身份感,能满足自尊心和虚荣心。再说,在这个拥挤的时代,将高原改造成人的住所的时代一定为期不远。这时候买下来,动些脑筋,好好宣传,一定大有钱赚。"

不久,渡边正雄拿出全部积蓄当赌注,又大量举债,把数百万平方米的土地订了下来。

在他订约后,不动产投资者们都嘲笑他是一个大傻瓜。他们说:"只有傻瓜才会买一块那样一文不值的山间土地。"

面对别人的嘲笑,渡边正雄毫不理会。付完定金后,他就开始了预定的行动,积极进行土地规划和建设:把土地细分为道路、公园、农园、建筑用地,又与建筑公司合作准备先建200户别墅和大型的出租民房。一切准备妥当后,他开始出卖分段划分的农园用土地和别墅地,以偿还未付的土地款。

当时,长期生活在都市的人群,非常喜欢奔向优美的大自然,呼吸清新、醉人的空气,闻一闻山间大地的泥土香气。拿须被青山白云围绕,风景优美,四周一片宁静,又可亲自种蔬菜、鲜花和水果。依靠这些优越条件,渡边正雄在报纸上以醒目、生动和吸引人的文句积极宣传,让都市人群对这里的生活充满向往。

生意果然每天都有进展，东京以及其他都市的人都对此产生了极大兴趣，纷纷前来订购。有的人订购别墅，有的人订购一块果园或菜园地。不订购别墅也有出租民房可住，因此订购农园的人多得惊人。

一年后，渡边正雄就把数百万平方米的土地卖出了80%，一眨眼就净赚50多亿日元。不仅如此，剩下的土地价值最少是他当初所付土地款的3倍之多，而且还在不断地上涨。

大部分生意人都喜欢追寻热点，哪里热度高就奔向哪里，希望在热点中分得一杯羹。可真正的智者却把自己的眼光投向无人问津之处。渡边正雄就是这样的人。他以过人的商业目光，看到了这块众人皆弃的土地之商业价值——名人效应的作用及都市人回归自然的心态。于是，果断地买下这块土地，加以开发，结果大赚一笔。

渡边正雄的成功给我们这样一个启示：作为一个生意人，不应仅把自己的注意力集中在那些热门行业上，也看看那些"灰姑娘"吧。说不准她们身上也有闪光点，经过开发，摇身一变成为"白雪公主"。

那么，该如何用好"识人之弃"这一赚钱的法宝呢？

第一，改变"鸭子过河随大流"的旧观念，树立独立自主不跟风的新观念。

第二,要有冷静的头脑、平静的心态,当市场出现"一哄而上"的情势时,能够稳住脚跟,冷静观察,不与众多强手争同一块"蛋糕"。

第三,拿得起,放得下,善于守拙,化不利为有利,走出一条新路。

细心观察+用心思考=创意

我们把一粒种子进行化学分析,会发现它是由纤维、碳水化合物以及一些常见的化学物质所组成,没有什么特别之处;但把它埋在泥土里,接受水分滋养和阳光照射,神奇的事情就发生了,它会发芽生长,开花结果,可能成为养活众生的稻米谷物,可能成为为生命增添色彩的鲜艳花卉,也可能成为为地球提供氧气的参天巨木。

人的创意也像一粒种子,在酝酿阶段是那么平凡、毫不显眼,但把它放在合适的"泥土"里,加入"养分"和"水",接受"阳光"的照耀,它同样会发芽生长,甚至会成为一种神奇的力量。

事实上，许多创意并非凭空而来。如果人们平时对社会上所发生的变化多加留意，必然会产生许多新的认识和感悟。要知道，独特的创意并不完全来源于思考，它与留意和寻找是密不可分的。

美国青年鲍克从小立志要成就一番事业。多年以后，他终于抓住一个机会。一天，鲍克看见一个人打开一包纸烟，从中抽出一张纸条。纸条上面印着一个著名女演员的照片，在这幅照片下面还有一句话："这是一套照片中的一幅。"原来这是烟草公司利用买烟者收集一套照片的渴望来刺激消费，争夺香烟市场。鲍克把这个纸片翻过来，发现它的背面竟然是完全空白的。他灵机一动，觉得这是一个难得的机会；如果把印有照片的纸片充分利用起来，在它空白的那一面印上照片上的人物小传，这种照片的价值就会大大提高。于是，他马上找到印刷这种照片的烟草公司，向这个公司的经理推销他的创意，最终被采纳，而人物小传就是鲍克最早的写作任务。不久，他的小传需求量与日俱增，他不得不请人帮忙，钱因此越赚越多。

对日常生活中的小事细心观察与用心思考，创意就会随之闪现。一个叫普洛斯特的大富豪也是这样致富的。

这个故事发生于100多年前,人们常常饶有兴趣地提起它,因为它是商界创新的一大经典。

美国俄亥俄州一家小店的售货员普洛斯特和杂货店老板盖姆脾气相投,俩人经常互相串门,在一起喝咖啡、聊天。盛夏的一天,普洛斯特到盖姆家,两个人一起在楼前喝咖啡闲聊,盖姆夫人则在一旁洗衣服。普洛斯特突然发现,盖姆夫人手中用的是一块黑黝黝的粗糙肥皂,与她洁白细嫩的手形成鲜明的反差,他不禁叫道:"这肥皂真令人恶心!"普洛斯特和盖姆就此议论起如何做出一种又白又香的肥皂。那个年代,使用黑肥皂是一件平常事,但有心的普洛斯特却萌发出创业的念头。

普洛斯特和盖姆决定开办一家专门制造肥皂的公司,名称就用他俩名字的首字母P和G,叫P&G公司。普洛斯特聘请自己的哥哥威廉姆当技师,经过一年的精心研制,一种洁白的椭圆形肥皂产生了,普洛斯特和盖姆欣喜若狂。

像面对新初生的婴儿一样,如何给它起一个动听的名字呢?普洛斯特煞费苦心,日夜琢磨。星期天,普洛斯特来到教堂做礼拜,一面想着为新肥皂命名的事,一面听神父朗读

《圣诗》:"你来自象牙似的宫殿,你所有的衣物沾满了沁人心脾的芳香。"普洛斯特心头一热:"对!就叫'象牙肥皂','象牙肥皂'洁白如玉,又语出《圣诗》能洗净心灵的污秽,更不用说外在的尘埃。"

美好的产品、圣洁的名字,谁能不爱?P&G公司为此申请了专利,为了把这种产品推向市场,普洛斯特和盖姆决定大力进行广告宣传。他们聘请名牌大学的著名化学家分析"象牙肥皂"的化学成分,从中选择最有说服力和诱惑力的数据,并将它们巧妙地穿插在广告中,让消费者对"象牙肥皂"的优良品质深信不疑。他们由此大获成功。

在现实生活中,人们解决问题时常常会遇到"瓶颈",这是由于人们只停留在单一的角度,如果能换一个视角,情况就会改观,创意的空间会更大。我们需谨记:只要转换视角,就会有新意产生。

一个行业的"离经叛道"者

十几年前,国内某服装品牌将皮尔·卡丹这一世界知名服装品牌代理权收入囊中。但是在服装界，皮尔·卡丹的创始人皮尔·卡丹先生绝对是一个传奇人物。他的传奇色彩首先体现在他的奋斗历程：从赤手空拳到世界顶级服装大师。他的传奇色彩还体现在让高档时装走下高贵的T型台，让服装艺术直接服务于百姓。许多人认为皮尔·卡丹的成功源于他的商业成就，因为世界上几乎没有像皮尔·卡丹先生那样的先例，集服装设计大师与商业巨头于一身，皮尔·卡丹的商业帝国遍布世界各地。除时装外，他还拥有四家剧院，然后又开始投资音乐剧，并曾在中国上演过他投资的音乐剧。在顶盛时期，皮尔·卡丹在全球98个地区拥有分公司，雇员超过20万人。

曾有人向皮尔·卡丹请教成功的秘诀，他很坦率地说："创新！先有设想，而后付诸实践。"

的确，从1959年的成衣革命，到率先给自己制作的服装印上本人名字的缩写字母，皮尔·卡丹的成功路上无不体现着"创新"二字。

1950年，27岁的皮尔·卡丹在里什潘斯街一座简陋的楼房里开办了自己的服装店。在巴黎这个世界时装之都，一个简陋时装店的小裁缝，要想开创一片属于自己的天空谈何容易？有一天，在巴黎大学门前，一位年轻漂亮的女大学生引

第3章 另辟蹊径，大胆创新

起了皮尔·卡丹的注意。这位姑娘虽然只穿了一件普通的连衣裙，但身材苗条，胸部和臀部的线条十分优美。皮尔·卡丹心想，这位姑娘如果穿上我设计的服装，定会更加光彩照人。于是，他聘请20多位年轻漂亮的女大学生，组成了一支业余时装模特队——这个举动在当时可谓惊世骇俗。

1953年，皮尔·卡丹在巴黎举办了一次别开生面的时装展示会。伴随着优美的旋律，身穿各式时装的模特逐一登场，顿时令全场观众耳目一新。时装模特的精彩表演使皮尔·卡丹的展示会获得了意外的成功，巴黎所有的报纸几乎都报道了这次展示会的盛况，订单如雪片般地飞来。皮尔·卡丹第一次体验到了因创新而带来的成功的喜悦。

在当时的法国时装界，有一个沿袭多年的传统，认为真正的服装设计师只能问鼎女装，设计男装会被人们指责为离经叛道。对于这一点，在巴黎时装界闯荡多年的皮尔·卡丹当然知道。但是，强烈的创新欲望，促使他大胆地涉足男装领域。他认为时装作为人类点缀世界的装饰物，不应该仅仅为女性所独有；男性也需要装扮自己，忽视了男性，就等于放弃了50%的市场。皮尔·卡丹决心要打破女装一统天下的格局。不久，他设计的系列男装问世。

1959年,皮尔·卡丹又一次在巴黎举办时装展示会,展示的服装既有女装,也有男装。他的这一举动在巴黎时装界又掀起了一场轩然大波,业界人士纷纷指责他这种"离经叛道"。一时间,皮尔·卡丹成为众矢之的,在名誉上和经济上都受到了极大损失。

但是,皮尔·卡丹并没有因此而退缩,他不断地反问自己:"男人怎么了?难道男人就不配穿自己喜欢的各种款式的衣服吗?"他继续设计男装,并坚持聘请时装模特做表演,而且规模比以前更大。他坚信,男装的春天一定会到来。

果然,没过几年,皮尔·卡丹便迎来了男装市场的春天,他设计的系列男装很快便占领了法国男装市场的半壁江山。皮尔·卡丹再次体验到了创新带来的成功。

20世纪60年代,伴随着法国经济的繁荣和人们生活水平的日益提高,普通市民开始对服装提出了新的要求。皮尔·卡丹敏锐地察觉到了这一细微的变化,他预感到仅为少数有钱人服务的时装时代即将结束,大众时装时代马上到来。于是,他适时地提出了"时装要面向大众"的口号。对于法国传统时装业来说,这个创新无疑又是一场革命。

皮尔·卡丹改变传统的量体裁衣、个别定做的时装经营方式，他把自己设计的时装大批量地生产，然后分送到各大百货商店以及自己的销售网点出售。皮尔·卡丹还率先推出了成衣套装。出于自信，也是出于挑战，皮尔·卡丹将自己名字的缩写字母印在服装上。他的这一举动，又招来业界人士的一阵非议："真俗气！皮尔·卡丹，你怎么能把自己的名字印在服装上？"但皮尔·卡丹并未因此而放弃。这种款式新颖、价格低廉的时装一上市，便深受广大消费者的欢迎，被抢购一空。

"成衣大众化"在商战中是出奇制胜的妙招，但皮尔·卡丹的创举惹怒了保守的同行，他们群起而攻之，竟联手将皮尔·卡丹逐出巴黎时装女服辛迪加（行业协会）。皮尔·卡丹没有屈服退缩，正如他说："我已被人骂惯了。我的每一次创新，都被人们抨击得体无完肤。但是，骂我的人，接着就做我所做的东西。"

大胆创新，打破常规，始终是皮尔·卡丹设计思想的中心。他运用自己的精湛技术和艺术修养，将独特的款式设计和对布料的理解，将褶裥与几何图形巧妙地融为一体，树立了突破传统走向时尚的新形象。他设计的男装如无领夹克、哥萨克领衬衣、卷边花帽等，为男士装束赢得了更大的自由。

他的女装擅用鲜艳的红、黄、蓝、湖绿、青紫,其纯度、明度都格外饱和,加上其款式造型的夸张,颇具现代雕塑感。

随着时代的进步,人们的意识不断发生变化。1962年,法国巴黎时装女服辛迪加在所有会员的要求下,又将亲手逐出去的会员皮尔·卡丹重新请回来,并请他出任协会主席。

就这样,皮尔·卡丹名利双收,这个"离经叛道"者,成为商界创新的成功典范。

墨守陈规,永远无法翻盘

为了寻求安稳,普通人总是墨守成规地走别人走过的路,按照别人制定的规矩办事。没人走过的路有些人不敢走,没人做过的事有些人不敢做。

而成功者往往锐意进取,敢于在一片荒野上走出自己的道路。他们不安于现状,善于用创新思维去探索,去改造世界。

一位商业大师曾经说过,在商业活动中,积极寻求某种新的设想时,要有意识地抛开头脑中的思维定式,要警惕和排除它对形成新的思路可能产生的束缚作用。墨守成规的人永远无法成功。

日本东芝电器公司1952年前后曾一度积压了大量的电风扇，几万名职工为了打开销路，绞尽脑汁，依然没有进展。

有一天，一个小职员向当时的董事长石坂提出了改变电风扇颜色的建议。在当时，全世界的电风扇都是黑色的，东芝电器公司生产的电风扇自然也不例外。这个小职员建议把黑色电风扇改为浅色电风扇，这引起了石坂董事长的重视。

经过研究，东芝电器公司采纳了这个建议。第二年夏天，东芝电器公司推出了一批浅蓝色电风扇，大受顾客欢迎，市场上还掀起了一阵抢购热潮，几个月之内就卖出几十万台。从此以后，在日本以及在全世界，电风扇就不再是统一的黑色面孔了。

只是改变了一下电风扇的颜色，大量积压滞销的电风扇，几个月之内就销售一空。这一设想，竟然产生如此巨大的效益。而提出这个设想，既不需要有渊博的科技知识，也不需要有丰富的商业经验，那为什么东芝电器公司几万名职工都没有想到，只有那个小职员想到了这个创意的点子？原因就是那个小职员能打破思维定式的束缚。

G.华莱士调查了各种人的经验，提出了思维的"四阶段论"。例如想搞发明或制订新的研究计划，或者设计出版物内容的结构时，开始时总是有意识地从各方面加以努力，然而却难以理出头绪。经过几天的冥思苦想，无论如何也想不出可行的办法。于是便焦躁不安，陷入悲观情绪之中，甚至产生半途而废的念头。在这样的情况下，有时会突然闪现出好主意来。思想与酿酒一样需要发酵期。

经过第一阶段有意识的努力后，获得的是稍高于一般常识但并不成熟的概念。经过酝酿期，才酿得名酒一般成熟的概念。然而，一般人到不了酝酿期，也不相信酝酿期的存在，所以，在第一阶段徘徊不前。这种情况下，如果了解 G. 华莱士四阶段论的准备、酝酿、突然出现的机制，人们既能再加一把劲进入酝酿期，又能在自我训练方法上采用新手段。

"为什么日本以及其他国家有成千上万的电器公司，以前都没有人想到，没有人提出来？"这是因为，自有电风扇以来都是黑色的，而彼此仿效，代代相袭，渐渐地形成了一种惯例、一种传统，似乎电风扇只能是黑色的，这样的惯例、常规、传统，反映在人们的头脑中，便形成一种思维定式。

时间越长，这种定式对人们的创新思维的束缚力就越强，要摆脱它就越困难，越需要付出更大的努力。

东芝电器公司这位小职员提出的建议,从思考方法的角度来看,其可贵之处就在于,它突破了"电风扇只能漆成黑色"这一思维定式的束缚。普通人不要被思维定式所束缚,要积极进行创新思考,这将使你经商致富。

墨守成规的人永远无法成功。在商业活动中,积极寻求某种新的设想,要有意识地抛开头脑中的思维定式。要警惕和排除它对形成新的思路可能产生的束缚作用。

标新立异,终成大业

一个人要想实现人生翻盘,道路有千万条,而标新立异是其中立竿见影的途径之一。众所周知,标新立异,就有可能创造奇迹,这是商海中时常发生的事。作为商家,切不可过于遵循传统,相反,要发挥自己的想象,敢于创新,只有这样,才能创造出更大的奇迹。普通人要想逆天改命,亦是如此。

那么,我们如何标新立异呢?看完下面这个故事,你就能找到答案了。

1984年,圣诞节前,尽管美国不少城市冷风刺骨,寒气逼人，但玩具店门前却通宵达旦地排起了长龙。这时，人们心中有一个美好的愿望：领养一个身长40多厘米的"椰菜娃娃"。"领养"娃娃为什么要去玩具店呢？原来，"椰菜娃娃"是一种独具风貌、富有魅力的玩具，她是由美国奥尔康公司总经理罗拔士创造的。

通过市场调查，罗拔士了解到，欧美玩具市场的需求正由"电子型""益智型"转向"温情型"，他当机立断，设计出了别具一格的"椰菜娃娃"玩具。

以往的"洋娃娃"都是千人一面，一个模子制造出来的。现在罗拔士为了给"椰菜娃娃"注入更多的"温情"，采用了先进的电子技术，设计出来的"椰菜娃娃"千人千面，有不同的发型、发色、容貌，不同的鞋袜、服装、饰物，这就满足了人们对个性化商品的需求。

另外，"椰菜娃娃"的成功，还有其深刻的社会原因。美国社会离婚率逐年升高，父母离异不仅给儿童造成心灵创伤，也使得得不到子女抚养权的一方失去感情的寄托。而"椰菜地里的孩子"正好填补了这一感情空白，这使她不仅受到儿童们的欢迎，也在成年妇女中畅销。

罗拔士抓住了人们这一购买心理大做文章。他别出心裁地把销售玩具变成了"领养娃娃",把"椰菜娃娃"变成了人们心目中有生命的婴儿。

奥尔康公司每生产一个娃娃,都要在娃娃身上附有出生证、姓名、手印、脚印,臀部还盖有"接生人员"的印章。顾客领养时,要庄严地签署"领养证",以确立"养子与养父母"的关系。

后来,经过对顾客心理与需求的分析,罗拔士又作出了创造性决定:做全配套产品——销售与"椰菜娃娃"有关的商品,包括娃娃用的床单、尿布、推车、背包,以至于各种玩具。

领养"椰菜娃娃"的顾客既然把她当作真正的婴儿与感情的寄托,当然把购买娃娃用品看成是必须要做的事情。这样,奥尔康公司的销售额大幅增长。

后来,"椰菜娃娃"的销售地区扩展到英国、日本和马来西亚等国家和地区。罗拔士正考虑试制不同肤色及特征的"椰菜娃娃",让她走遍世界各国,使奥尔康公司在玩具市场上始终占有主导地位。

就这样,奥尔康公司先是赋予"椰菜娃娃"以温情和生命,使之成了常青树,接着又标新立异制作了一系列相关产品,使得奥尔康公司享誉全球。

故事到这里就讲完了，你获得了哪些启发呢？

本来，洋娃娃是没有感情的，但罗拔士偏要"标新立异"，赋予它"温情"，而且做得跟真人很像，结果取得了玩具界前所未有的成功。由此，我们可以获得一个这样启示：做生意，想要取得更大的成功，就要善于打破传统。而要做到这一点，我们需要充分发挥自己的想象力，开创出市场上没有，而人们又需要的东西。

无疑，"标新立异"是引领我们走向成功的法宝。毕竟，它引领我们打破过去的条条框框，敢于否定自己，由假而真，由虚而实。具体而言，商场上的标新立异，是指创造性地开拓市场，从无中创造有，从有中发现无。

那么，"标新立异"是不是不用遵守任何规律呢？

当然不是。消费者的需求是"标新立异"的前提。因此，经商者在应用"标新立异"这一法宝时，一定要立足市场需求，这样才能创造出顾客喜爱的产品。若没有一个符合市场需求的创意头脑，"标新立异"就无从实现。

总之，我们既不能脱离市场，又要紧随市场，这样才能很好地应用"标新立异"这一法则创造出滚滚财源。

CHAPTER 04

翻盘

<第4章>

行事果断，机会面前不犹豫

我们常说"机不可失,时不再来"。时间有自己的特性:一是无法返回,二是无法积蓄,三是无法取代,四是无法失而复得。机遇离不开时间,时间是机遇的生命。人们要想把握机遇,不但要努力学习揭示客观规律的科学知识,着重认识事物发展规律,而且要有一种锲而不舍、雷厉风行、只争朝夕的精神,绝不能"一等二看三错过",从而坐失良机。

其实,普通人一生所能遇到的成功的机遇不多,所以要行事果断,在机会面前别犹豫,机会降临时一定要迅速抓住。

第4章　行事果断，机会面前不犹豫

七分谋划，三分魄力

成功者做事业不冲动、不盲动。在条件允许的前提下，他们尽可能在事前做好谋划。一旦谋划好了，时机到了，他们就会迅速行动。在一静一动之间，他们的出击是如此完美。

冲动与盲动，是许多错误的根源。成功者很少犯这种错误。

普通人之所以不能成功，主要存在两个缺点：一种是不谋（或少谋）而动，另一种是谋而不动。因此，我们既要学成功者的"谋"——勤于思考、精于规划，又要学习成功者的"动"——勇于出手、敢于开拓。

克里蒙·斯通是美国联合保险公司的董事长，财产过亿。他出身贫寒，20岁的时候，他们一家从密歇根搬到芝加哥，他开了一家保险经纪社——联合登记保险公司，全公司只有他一人。他决心把这个公司办得跟它的名称一样响亮。开业的第一天，他销售了54份保险。如此开业大吉，斯通信心十足，然后他开始在其他地区扩展，事业一天天兴旺起来，居然有一天，创造了122份的纪录！经过四年的自我训练、自我挑战之后，他实现了几乎不可能实现的目标。更可喜的是，以前买保险的人，到期又续签合同，不必再花力气，佣金源源而来。

36岁那年，克里蒙·斯通成了一名百万富翁。

他觉得自己应该成立一家保险公司。他找到了一个机会：一度很赚钱的宾夕法尼亚州伤损公司因现金流出现问题而停业了，公司所有者欲以160万美元把它出售。斯通感兴趣的是它的潜在价值——它拥有35个州的营业执照。斯通虽然是百万富翁，但手里的现金并不多。怎么办？他想了一个比较有趣的计划。

第二天，他就前往巴尔的摩去找商业信托公司的人——伤损公司的所有者。

"我要买你的保险公司。"

"好的。160万美元，你有这么多钱吗？"

"没有。但是我可以借到这笔钱。"

"跟谁？"

第4章 行事果断，机会面前不犹豫

"跟你们。"

在几度交流与谈判以后，商业信托公司居然真的同意借给斯通一大笔钱，帮助斯通购买了自己旗下的伤损公司。

这个拥有全美国大部分地区营业执照的伤损公司，成了今天克里蒙·斯通保险王国的基础。当初的小保险公司一步一步发展成了今天巨大的美国联合保险公司，现在它的经营区域除美国外，还拓展到了国外。

斯通一面经营保险公司，一面开创其他有投资前景的事业。有一次，一个名叫利莫那·拉文的年轻人跑来找斯通借一笔款，声称要开个小化妆品公司。斯通和这个年轻人多次交谈后，看中了他的公司。于是斯通答应了借款。不过斯通没有直接借钱给拉文，而是替拉文归还一笔45万美元的银行贷款，条件是他拥有拉文新公司25%的股份。拉文创立的公司叫阿拉度-卡佛，斯通拥有的股份14年后已经价值3000万美元。

斯通在谈到自己的创业历程时说："想成为富翁的人必须相信自己的命运要由自己来决断，有了决断就必须马上付诸行动，只要你决定做什么事，就一定要有无论怎样都必须去完成的精神。"

"明天""下个礼拜""以后""将来某个时候"或"有一天"等推辞,都意味着"永远做不到"。很多好计划之所以没有实现,就在于应该说"我现在就去做,马上开始"的时候,却说"我将来有一天会开始去做"。

不要急于求成

俗话说"心急吃不了热豆腐",意思就是心急做不成事。只有脚踏实地,才能慌而不乱。现实中,很多人却在做这样的事情,他们急于求成,急着翻盘,结果往往适得其反。

由一无所有到财务自由,是一个探险的旅程,更是一个积累的过程,必须抱着极大的耐心才能到达目的地。如果急于求成,不顾脚下,更不遵守客观规律,该注意的没注意到,风险都没有意识到,那难免栽跟斗。

凡事脚踏实地,才可慌而不乱。要想成大事就要不断地提醒自己,因为它对你是终身有益的。

脚踏实地能够让一个年轻人实现自己的愿望,从芸芸众生中脱颖而出。只要你能全身心地投入到自己的工作中,即使能力一般,也可以取得不错的成绩。

如果你在公司脚踏实地、勤勤恳恳、全神贯注、充满热情地工作,那么你很快就会得到上司的赏识。同时,你也向上司表明了你的进取心,使他更了解你,并且你的积极心态常常会感染同事,大家共同努力奋斗。

让上司放心的就是你这种积极的心态,带动同事的也是这种心态。领导者都会排斥冷漠、粗心大意、懒惰的员工。

人们对待工作的不同态度,会产生不同的结果。因为,我们都知道一心一意和三心二意的结果有天壤之别。

"来到这个世界上,做任何事都要全力以赴。"这句引自罗斯金的话,说得很有道理。我们来到这个世界上,没有贵贱之分,没有高尚和卑微的职业之别,每个人都要从事对社会有意思的事情,每个人都要在属于自己的行业里找到自己的快乐与满足。

王先生辛苦几十年,攒了一些积蓄,他一直都梦想着发财致富。他周围的人做生意都发达了,他心不安稳,就决定拿出自己的积蓄拼一下。

他看到当地个体客运生意兴隆,就决定买一辆中巴车跑客运。他让儿子学驾驶,学了不到半个月,为了节省开支,让儿子顶班开车，开业第一天就出了车祸，将一位农妇的大腿撞伤，赔了数万元医药费。王先生又急着挽回损失，不顾家人反对，添了一辆卡车跑货运。

为了多赚钱，卡车没日没夜地跑，小故障也不检修，没过多久，又出了车祸，真是祸不单行。王先生在心急中昏了头，连车辆最基本的保险费也没有交，单方面承担了十万元责任赔偿。

这么一折腾，王先生不但没赚到钱，反而将几十年的积蓄都赔光了，还背了一身债。本打算大干一场，结果适得其反，王先生为自己的心急付出了沉重的代价。

现代社会一切都注重速度，人心难免浮躁，急功近利的大有人在。俗话说得好，"欲速则不达"，这就是在告诫人们，路要一步一个脚印地走，凡事稳扎稳打才能成功。

英国哲学家约翰·密尔说："生活中有一条颠扑不破的真理，不管是最伟大的道德家，还是最普通的老百姓，都要遵循这一准则，无论世事如何变化，也要坚持这一信念。它就是在充分考虑到自己的能力和外部条件的前提下，进行各种尝试，找到最适合自己做的工作，然后集中精力、全力以赴地做下去。"

约翰·密尔这段话的意思是：勤奋工作是快乐的源泉。当有人让他用一句简单的话概括生活准则时，他说："这条准则可以用一个词表达——工作。工作是生活的第一要义；不工作，生命就会变得空虚，就会变得毫无意义，也不会有乐趣。没有人游手好闲却能感受到真正的快乐。对于刚刚跨入社会门槛的年轻人来说，我的建议只是三个词——工作，工作，工作！"

有一些鞋匠把补鞋当作艺术来做，全身心地投入工作中。不管是打一个补丁还是换一个鞋底，他们都会一针一线地精心缝补。另外一些鞋匠却截然相反，随便打一个补丁，根本不管它的外观，好像自己只是在谋生，根本没有心情关心工作质量。前一种人热爱这项工作，不是只想着从修鞋中赚多少钱，而是希望自己的手艺越来越精湛，成为当地最好的补鞋匠。

如果你仔细观察每个人，就会发现喜欢自己工作的人，他们更多地表现出自发性、创造性、谨慎和专注。这和在工作中应付差事、乏味无聊的人是截然不同的。喜欢自己工作的人总是充满热情，干劲十足，主动找事情做，并期望事业越做越大，越做越红火。而那些做每件事都觉得乏味的人，其实这一生都被生活所累。

生活中很多人都心存"人人都在命运之神的掌握中,我们只要等待好运降临到身上就行了"的想法。其实,有这种想法的人结果都是非常可怜的。

有一段100多年前留下的石墙一直是人们思考的对象,它是一个家住罗德岛的人殚精竭虑砌成的。这个人如同一位大师创作作品一样,他反复地审视着每一块石头,研究每一块石头的特点,思考它的最佳位置。砌好以后,又从不同的角度,再细细打量,像一位伟大的雕刻家,欣赏着粗糙的大理石变成精美雕塑,其满足程度可想而知。

他把自己的品格和热情都倾注到了每一块石头上。每年到他农庄参观的人络绎不绝,他也很乐意解说每一块石头的特点以及自己是如何把它们的个性充分展现出来的。也许人们会问,砌一堵墙有什么意义呢?那就要思考一下一堵已经存在了一个多世纪的围墙,是如何走过漫漫长夜的,这就是最好的回答。

成大事者每天脚踏实地地工作,最终走向了成功。我们每天早起一点,就能用有限的时间去做一些事情;我们每天对待工作认真一点,就会在工作上少一些阻碍,多一些舒畅。

有些人急于求成,买股票,买彩票,孤注一掷,想一举成为大富豪。真正的成功人士则将总目标划分为阶段性目标,重视一步步的累积。他们懂得"罗马不是一日建成的",财富也不是一天就能赚来的。

一个人之所以能成功,就是因为他不急不躁,稳扎稳打。只有脚踏实地地工作,才能实现财富的梦想。

总之,"脚踏实地,才能慌而不乱"是成大事者自勉的成功箴言。

与其抱怨,不如行动

有些人遇到问题总是抱怨,他们不满意自己的工作环境,一味地想从公司和同事那里获得更多,而自己却不愿意付出什么。

我们每个人要想获得成功,就要始终把握这个原则,不要只停留在口头上,最好的结果只能靠辛勤的努力和汗水才能换得。最好的方法就是马上去做、立刻去做,不论从哪个角度看，这都是原则。

不满和抱怨是最常见的情绪，也是善于寻找借口的人最善于利用的。西点军校学员在接到上级的任务时，都是怀着神圣的心情去努力完成的，没有半点怨言和不满。

没错，与其怨天尤人，不如踏实做事。没有绝对完美的事物，想要抱怨的话在任何时候都能找到借口。对于生活中许多不尽如人意的事情，人们的第一反应往往就是抱怨。如果一味地抱怨，而不付诸行动，即使问题再小也无法得到解决，结果没有任何改变。

存在不满和抱怨有时并非员工出了问题，也许公司自身也存在不足，员工完全可以找到自己的领导，平心静气地向他说明一些问题所在。然后寻找改进的方式，或者悄悄地解决问题。如此一来，不仅把问题轻松解决，还可以避免自己的不满和抱怨。

麦克是一家汽车修理厂的修理工，从进厂那天起，他就开始喋喋不休地抱怨："修理这活儿太脏了，瞧瞧我身上弄的，这工作真累呀，我讨厌死了……"每天，麦克是在抱怨和不满的情绪中度过的。他认为自己在受煎熬，像奴隶一样卖苦力。因此，麦克总是找准时机，稍有空隙，便偷懒耍滑，敷衍手中的工作。

转眼几年过去了，当时与麦克一同进厂的三个工友，各自凭着精湛的手艺，或另谋高就，或被公司委以重任，唯独麦克，仍旧在抱怨中做着他讨厌的修理工作。

工作中时常出现这样的情况：一些任务分配下来，如果领导不过问就没有人很好地执行，最后干脆不了了之。还有的人面对分配的任务常常一脸茫然，而且还满脸狐疑地问上司："这事儿我怎么不知道啊？"喜欢抱怨的人很少积极想办法解决问题，总认为很多工作都不在自己的职责范围内。其实，工作是自己的，好好工作是每一个员工的义务。

美国前教育部长威廉·贝内特说："记住，这是你的工作，工作就是需要我们用生命去做的事。"即使遇到再大的困难，也不能寻找任何借口，更不应该进行任何没有必要的抱怨，而是要以积极的心态去面对。

在现实工作中，虽然很多人受过很好的教育，并且很有才华，但是却得不到提升，主要就是因为他们总是抱怨而不懂得反省。

如今职场竞争非常激烈，很多人的职业生涯走得并不顺畅，与其整天充满不满和抱怨，不如摆正心态，踏踏实实做事，积极应对那些不满意的人和事。只要减少抱怨，就能在工作中感受到快乐。

快乐工作就是以一种积极的心态去面对一份来之不易的工作。当通过自己的努力把复杂的工作做好时，就会有一种极大的满足感和成就感。

领导、同事之间要相互理解和尊重，当一个人得不到尊重和理解时，肯定是不会感到快乐的。在一个相互猜疑、钩心斗角的环境中，工作一定做不好，更不可能感到快乐。

每抱怨一次，就为自己多设置了一道障碍，并且会感到难上加难，最后形成恶性循环。作为一个员工，应该跳出抱怨的圈子，用积极的心态面对工作。

成功者能够很好地控制自己的情绪，以忠诚和义无反顾的献身精神，在公司里做自己应该做的事情。没有任何借口，全力以赴地做好自己分内之事，这才是成大事者必须具备的素质。

拖延使人坠入消沉的泥潭

有些人常常这样推卸责任："事情不好办啊，时机还不成

第4章 行事果断，机会面前不犹豫

熟呢，等等再说。"成功者则会说："世上没有什么救世主，一切事全都靠自己，立即行动，只有行动才能产生奇迹。"

人一生的时间有限，每天要完成的工作很多，我们要善待时间，抓住时间，充分利用时间。善待时间就是善待生命，普通人若想成功、过上美好的生活，就应该从善待时间开始。

很多人或多或少存在拖延的习惯，已经计划好的事，就是迟迟不付诸行动。"等明天"，"等合适的时候"，结果一事无成。

在美国联邦快递公司，曾发生这样一件事：有一天，联邦快递公司的风险管理部门接到警方的来电，一个人报案说他的车子被一部联邦快递的运货车撞坏了，但是车主是通过一位目击者的提醒才知道此事的，所以没有记下任何车子的资料。

该部门经理接到报案后，立即用数字辅助调配系统发送一条信息，让那些在被撞车附近执行运送任务的运务员与服务站联络。下午两点，一位运务员回到服务站，慌慌张张地向这位经理报告，他早上执勤时撞到一辆停在旁边的车。

运务员说，他那天早上准备将货车倒入停车位时，不小心撞到停在左边的车子。他赶紧下车检查车辆的受损状况，车子损害不大，由于他担心会延误后续的快递流程与时效，赶着去送货就没有马上报告发生的事故。但他绝不是有意隐瞒不报，而是想在完成任务后，回到服务站后再立即呈报。他坦承自己的处理有过失，愿意接受公司的处分。

营运经理在评估整个事件时，认为运务员延迟三个小时才汇报是事实，在肇事后离开现场，也没有给车主留下任何信息，这明显违反了公司的规定，因此决定开除这名员工。

这位运务员知道后立印向上级主管提出申诉，经申诉会议重新审视案件的所有文件资料，认定这位运务员是在回到服务站后立即主动向经理汇报了相关情况，所以决定让这位运务员复职，但要停职两周，目的是让他了解立即汇报意外事件对公司的重要性。

拖延是一种不良的工作习惯。每当作出抉择时，习惯于拖延的人总会为自己找出一些借口，这种拖延的恶习给工作和生活带来很多不利影响，甚至阻碍事业的发展。

高效的办事能力是获取财富的重要条件。如今是一个讲究效率的时代，瞬息万变的社会存在很多不确定因素，稍有迟疑，就可能使原本很有创意的构思在短时间内失去价值和意义。因此，一旦有了好主意就要马上付出行动。

第4章 行事果断，机会面前不犹豫

生活就如莱特所形容的那样："骑着一辆脚踏车，不是保持平衡向前进，就是翻倒在地。"有时间观念的员工，他们会确定做好每一件工作所需要的时间，并且强迫自己在规定的时间内完成工作。

那些工作效率高、做事勤奋，并且乐此不疲的人，往往能担任公司最重要的职务。

艾伦大学毕业后，做过很多工作，但没有一份工作能超过三个月，原因就是他有做事拖延爱找借口的习惯。

一次，他去一家公司面试，公司觉得他有一定的策划能力就考虑录用他。公司给他分配一个任务，让他用半个小时完成一份市场策划，这次艾伦吸取了以前的教训，没有丝毫的怠慢，他把这次策划规划得非常合理，于是开始付诸行动，没有想到，他在做市场调研的时候又犯了拖延的毛病，结果没有按时完成任务。最后错失了这次工作机会。

借口是拖延的温床，艾伦拖拉的毛病让他在求职路上遭遇一连串挫败。从他的失败中不难看出，这些拖延都是借口所致，如果艾伦能够摒弃借口，踏踏实实工作，就不会一次次被人拒之门外。由此可见，只有不拖延不找借口，才能够不断赢得机会，获得成功。

有些人常常想为自己留一条退路,他们不明白,用心工作是可以生出一种自信的,而且这种自信能治愈犹豫不决这个顽疾。

有些人能在瞬间果断地战胜惰性,积极主动地面对挑战;有些人却深陷"徘徊"的泥潭,无法自拔。人们都有这样的经历,每天清晨被闹钟惊醒时,一边想着自己所订的计划,一边又感受着被窝里的温暖,虽然你不断地对自己说该起床了,但又总忍不住给自己寻找借口:"再睡一会儿吧,还早呢。"于是,在忐忑不安之中,又躺了五分钟,甚至十分钟,时间就在一分一秒钟中过去了。

懒惰和犹豫是人们习惯选择的借口,古罗马皇帝在临终时留下这样一句遗言:"懒惰是一种借口,勤奋工作吧。"

有些人喜欢把重要的事情放在后面去做,这就是寻找借口的表现,无论什么样的问题,都应该慎重考虑,不能犹豫,更不能逃避。

埃克森埃美孚公司的每一位员工都知道自己的职责是什么,当上司把任务分配下来的时候,他们只有这样一个念头——"是的,我立即去完成",也就是我"决不拖延"。

拖延是有碍成功的一种恶习,很多人身上都潜藏着这种恶习，只是并未意识到这一点，反而找出各种理由为自己辩解。那些成功者则恰好与此相反。

拖延是对生命的浪费。如果将一天的时间记录下来，我们会惊讶地发现，拖延正在不知不觉地消耗我们的生命。

要想成为一名优秀的员工，首先要克服拖延的恶习，那么，怎样才能克服拖延的恶习呢？可以遵循以下几点：

（1）合理规划。将要做的事进行规划安排，能马上做的就马上做，不能马上做的，定下明确具体的时间。不要让那些"不应该做的事"占用你的时间。

（2）多想办法和计谋。比如将繁杂的工作适当分解为许多小的行动步骤，一点一点地完成任务。

（3）限时完成任务，给自己一定的激励和约束。

（4）寻求帮助，找合作伙伴或取得别人的支持。

要想成功，必须丢掉借口，不能有任何拖延，一旦把拖延的习惯改掉，养成积极行动的好习惯，你的工作效率就会提高，你的工作业绩也会大幅提升。

有些人之所以没有取得成功，不仅仅因为没有信心，而是不能把信念化为行动，并且坚持到底。人有两种能力，即思维能力和行动能力，没有达到自己的目标，往往不是思维能力造成的，而是行动能力造成的。

现实生活中，不同的人有不同的理解，不同的人有不同的行动。有些人会等到事情不能再拖延时才行动，成功者则以积极的姿态立即行动。后者是具有实在意义的行动。

有些人总在"假如……"、"如果……就"中消耗宝贵的青春，浪费激情和热情。有些人年复一年地按照失败者的生活模式过日子，却不知道他们的遭遇恰恰是自己造成的。还会责怪自己的家人，责怪一起做生意的伙伴，责怪运气不好，责怪经济不景气……他们成天谈论所有人如何"亏待自己"。

怨天尤人改变不了命运，只会虚度光阴，让你无法获得成功。如果想要"赶上好时机、好运气"，就去找一份工作，踏实勤奋地去干。

也许你已经具备了知识、技巧、能力、良好的态度与方法，但要成功，你必须立即行动，掌握一百个知识不如付出一个行动，不行动永远不会有结果。

人生充满机会，足以使你功成名就。主动争取机会，充分利用这些机会，你的一生将注定不会平庸。

成功者之所以富有，不仅仅在于他们深思熟虑的思想，更在于他们高效的办事能力，如今是一个讲究效率的时代，瞬息万变的社会存在很多不确定因素，稍有迟疑，就会使富有创意的构思在短时间内失去价值和意义。因此，一旦有了好主意，就要马上行动。

行动力决定你的竞争力

有些人认为自己之所以没有取得成功，主要原因就是没有展露才能的机遇。如果我们对比一下那些成功者就会发现，机遇几乎是同时降临在许多人身上的，只不过有人犹豫了一下，而有人却立即行动而已。

"不行动，毋宁死"。只有开始行动，人生才有价值，智慧才能变成财富。一个人或者一个企业能否成功，能否在短期内发生显著变化，主要体现在行动、技术、修养、世界观和自我认识五个层次上。

行动，必须而且总是第一位的。要想成功，现在就要行动；发现机会，现在就要行动，"我的幻想毫无价值，我的计划渺如尘埃，我的目标如果不能达到，一切的一切毫无意义——除非我们付诸行动"。总之，马上付诸行动才是最重要的。

20 世纪 70 年代的一天,亚默尔肉食加工厂老板亚默尔拿起报纸浏览。每天清晨通过报纸了解国内外的新闻并从中寻找商机,这是他事业成功的秘诀。"墨西哥发现了怀疑是牲畜瘟疫的病例!"这是一则几十个字的短消息,它使亚默尔两眼放光:如果那里真的发生了牲畜瘟疫,必然就会越过国界,传染到与之接壤的美国加利福尼亚和得克萨斯两个州,而这两个州是美国肉类产品的主要供应地。以后肉类供应就会紧张,肉价就会猛涨。

机会就来了!"我必须马上行动!"他派自己的医生亨利专程到墨西哥调查这件事的真伪。亨利医生发回的电报大大出乎亚默尔的意料:"疫情比报道要严重得多,牲畜已经大批死亡。"亚默尔接到电报后,立即调动大笔资金在加州和得州大量收购牛和生猪,并火速运送到东部。

果然,瘟疫很快就蔓延到了美国西部的几个州,政府下令禁止这些州的肉类运出,国内的肉类供应陡然变得紧缺,猪肉和牛肉的价格暴涨。亚默尔赶紧把以前购进的牛肉和猪肉抛售出去,短短几个月,他就净赚了几百万美元。

生意场上往往有突如其来的事情发生,面对种种变化,如果我们不马上付诸行动,一切都毫无意义。

第4章 行事果断,机会面前不犹豫

犹太人曾说:人的一生中,有三种东西不能使用过多,做面包的酵母、盐、犹豫。酵母放多了面包会酸,盐放多了菜会苦,犹豫过多则会丧失赚钱和扬名的机会。

有过类似经历的人都知道,机遇来得突然,消失得也很迅速,可以说是稍纵即逝。我们只有勇敢地迈开自己的步伐,行动起来,才有可能追赶上它。

想撬动财富杠杆,实现财务自由,就必须抛弃空想。勇敢地实践,只有实践才能让你摆脱平庸,加入创富的行列,唯有行动力才能立于不败之地。

翻盘

CHAPTER
05

<第5章>
争价不争秤，赚钱先赚人

古语有云："得人心者得天下。"如今是得人心者得财富。无论你想经商致富，还是想勤奋努力、积累财富，都要赢得人心。

如何让别人心甘情愿为你创造效益？答案便是赢得"人心"。在这个大量同品质产品并存的商业社会，想要顾客心甘情愿地购买你的商品或服务，攻心才是上上策。商场如战场，如果你连人心都得不到，又何谈市场与利润？

"争价不争秤，赚钱先赚人。"即使你只想通过勤劳工作走上致富之路，也要赢得老板和客户的心。要知道，天下有才能的人很多，没有一个职位是不可替代的。

第5章 争价不争秤，赚钱先赚人

好人缘会带来利益

台湾新光集团创始人吴火狮少时家贫，仅念完初中就无力继续学业。17岁时，吴火狮离家只身到台北谋生，在台北市迪化街一个布行里当小工。三年后，20岁的吴火狮和一个朋友在台北市永乐町合伙开了一家布行，自任总经理，主要做布匹买卖，也兼营黄豆、面粉、红糖、茶叶、棉花、食油等农产品。没多久，他就在布匹行业独占鳌头。他在新竹还开设了一个榨油厂，把油运到大陆售卖。随着经营活动项目的增加，他创办了新光商行……

就这样，吴火狮的发家之路从迪化街起程，直至后来员工总数达万人，拥有数百亿新台币（约为100多亿元人民币）的资产。吴火狮经常说："人脚会带来肥水。"他所说的"人脚"，其实就是"人缘"的意思，而"肥水"指的是"利益"。他在商场驰骋数十年，平常待人圆满周到，极少树敌。后来他虽然成为亿万富翁，但与三教九流都能打交道，并且相处融洽，人缘非常好。由于在商场上人缘好，遇有机会，他人自然鼎力相助，这是他成功的原因之一。

在企业内部，他很喜欢与部属接近，比如握手、寒暄、话家常。手下员工的婚丧，他尽量列席；员工因病住院，他经常亲自探望。每到年底发放奖金时，他都亲自一一递交员工。由于员工众多，发完年终奖金，要花掉他一个星期的时间，但他毫不在意。因为上述种种，新光集团的员工及其家属，对吴火狮都有一份仰慕之情。

不管你想靠做实业、投资金融市场还是做白领致富，都离不开别人的支持，都要与周围人搞好关系。晚清乱势中一枝独秀的红顶商人胡雪岩在总结自己的成功之道时说："要成大事，先要会做人；而会做人，即是善于在交往中积累人缘。若能做到圆通有术，左右逢源，进退自如，上不得罪于达官贵人，下不失信于平民百姓，中不招妒于同行朋友，行得方圆之道，人缘大树枝繁叶茂，那成大事一定不在话下。"

归纳起来，人缘好的人有如下几个优势：一是机遇多，别人愿意给你机会或与你合作；二是消息灵，有什么消息别人第一时间通知你；三是路子广，你办不成的事可以找朋友，朋友帮不上忙时甚至朋友可以找他的朋友。想一想，一个人机遇多、消息灵、路子广，想不成功都难。

反之，一个人缘差的人，别人不仅不会帮助他，甚至还可能冷落他。他遭遇坎坷时无人伸援手，摔倒以后别人或许都不会扶一下。人缘差的人，光是独自面对生活难题就会使他晕头转向，还有什么精力去干事业？

我们要让人际关系成为事业成功的助力器，而不是事业发展的绊脚石。

"人和"至关重要

盛田昭夫脚踩第二次世界大战炮火下的废墟，插着梦想的翅膀，背着沉重的经营负担，迈过通往世界的桥。他不仅使索尼在美国变得家喻户晓，而且使索尼成为世界知名企业集团。他不仅获得过只有丘吉尔那样的世纪伟人才有资格佩戴的阿尔伯特勋章，而且三度荣登美国《时代》周刊的封面。他创造了日本企业的奇迹，勇于亲驾飞机在禁止飞行的日本皇宫上空盘旋。从他成功的事迹中,我们依稀可见盛田昭夫的影响力有多大。

盛田昭夫是日本索尼公司的创始人,人们习惯上叫他索尼先生。即便是他年近古稀的时候,给人的第一印象也正如他本人所说的那样"年迈、寡言"。然而只要你一跟他搭上话,他就会立即改变你的第一印象。其实,他是个有感染力、充满青春活力的老人。他的头发花白,双目炯炯有神,鼻梁上架着一副金丝眼镜,与传统的日本人似乎有很大不同。

晚年的盛田昭夫,曾对采访他的年轻记者说:"人和"至关重要。

在盛田昭夫的办公室里,有一台电脑,在这个资料库里,足足储存了四五千个外国朋友的名字。从一个人的国籍、职业、职务等公开的记录,到住处、出生年月、家族的名字,从毕业学校到平时的爱好兴趣,约有30个项目存储在资料库中。

在资料库中,凡和盛田昭夫有关系的人都无一遗漏地收录其中。在他需要选择什么人之前,他只要看看这些资料,就能准确地回忆起曾在什么时间、什么地方见过此

第5章 争价不争秤，赚钱先赚人

人，和他说过什么话，这样，一旦再见到那个人，就很容易切入话题。

盛田昭夫在朋友的帮助下获得了巨大的成功，但是他并不是一味地利用朋友，而是恪尽朋友之道，当朋友有困难时，他总是主动地帮助朋友。1972年5月，盛田昭夫在美国的新闻杂志上刊登了一幅具有开创意义的广告。广告的正标题是："你持有适合日本市场的商品吗？"副标题是："索尼帮助你向日本输出。"

广告刊登之后，来自四面八方的询问信像雪花一样飞向盛田昭夫，在3000多件询问信中，光是来自欧洲的就有1500多件。这里面，有盛田昭夫的老朋友，也有新朋友。为了从中挑选出有进口可能的商品在日本国内销售，盛田昭夫甚至专门成立了索尼贸易公司，帮助朋友们扩大市场。索尼贸易公司的经营范围远远超过一般电器范围，小到苏格兰威士忌，大到喷气式飞机，都是索尼公司经营的范围。

通过这个广告和贸易公司的建立，索尼成功地在欧美打下了经营伙伴的基础。人们对盛田昭夫和索尼怀有强烈的好感，并乐意为这样的朋友帮忙。

盛田昭夫的做法确实令人折服，事后当人们与他谈及此事时，他坦诚敦厚地说："索尼能有今天，是因为世界各国很多客户喜欢索尼的产品。在美国和欧洲朋友的帮助下，索尼成长起来了。因此在朋友需要帮助的时候，就没有理由拒绝，做广告的时候采取合办企业的形式，真诚帮助对方，使双方都获得收益，是对扶植过索尼的欧美朋友之情的一个报答。"

孟子把"天时、地利、人和"看作是战争中取胜的三个要件，其实，战争如此，政坛如此，干事业如此，人生的成败也是如此。

"和为贵"，这是古今中外成功者最推崇的处世哲学。《菜根谭》里这样写道："天地之气，暖则生，寒则杀。故性气清冷者，受享亦凉薄。唯气和心暖之人，其福必厚，其泽亦长。"

成功者懂得用自己的情绪、语言、得体的行为和善意的态度，去感染、吸引和帮助他人，使人际关系更和睦、更融洽。

美国俄克拉何马州恩尼德市的江士顿，是一家工程公司的安全协调员，他的职责之一是监督在工地上工作的员工戴上安全帽，一开始，他一旦碰到没有戴安全帽的人，就官腔官调地告诉他们，要他们必须遵守公司的规定。员工虽然接受了他的指正，却满肚子不高兴，而且往往在他离开以后，又摘下把安全帽。后来他决定采取另一种方式，当他发现有人不戴安全帽的时候，他就问对方是不是安全帽戴起来不舒服，或者有什么不适合的地方，然后他以令人愉快的声调提醒他们，戴安全帽的目的是保护他们不受到伤害，建议他们工作的时候一定要戴安全帽。结果遵守戴安全帽规定的人越来越多，而且没有引发大家情绪上的不满。

日常工作或生活中，人与人之间是一种相互依存的关系，不仅所肩负的事业存在共性，而且也有很多工作必须依靠合作协同才能完成。否则，互相拆台，暗中作梗，明处捣乱，要想把一件事情做好是不可能的。若想周围的人都能捧场与合作，自然需要气氛上的和谐一致。倘若情感上互不相容，气氛上别扭紧张，就不可能协调一致地工作。

当然，每个人都有自己的个性、爱好、追求和生活方式，加上各自的教养、文化水平、生活经历等各不相同，不可能也不必要求每个人都处处与自己所在的群体合拍。但是，任何一项事业的成功，都不是靠一个人的力量，谁也不愿意成为群体中的破坏因素，不愿被别人嫌弃而"孤军作战"，这就是共同点。

要建立和谐的人际关系，使自己受人喜爱、受人欢迎，让人觉得跟自己做朋友十分有趣，就要花些心思和时间来关心别人，并与周围的人友好相处。有朋友，便有支持；有鼓励，便能振作精神。

取之有道，光明正大地赚钱

所谓"光明正大地赚钱"，既指不要从事法律所不允许的行业，如"黄、赌、毒"，也指不要做有损商业道德的小动作。有违法律的行为，会由法律来制裁；有背商业道德的小动作，也照样会没有长远发展。

一些商人求财心切，总幻想发一笔横财，一夜爆富。于是，就在日常生意中搞一些见不得阳光的勾当。譬如对外地来的顾客，或者不懂行的顾客，有些商家总想"宰他们一刀"，还有些商家甚至不择手段，以假乱真，以次充好，坑害顾客。这些商家大概都有一个自欺欺人的想法：世界那么大，来往顾客那么多，"宰"了你一个，还有后来人。这样的想法既可笑又可恶。世界很大，但有时又很小。按照"80/20"法则，商家的大部分销售额来自一小部分回头客。他"宰"了顾客，他的回头客就会减少，"宰"客越多，回头客就越少。人们上当后迟早是要醒悟的。因此，贪图近利，坑害顾客，不仅为道德所不容，还会自断财路，害惨自己，这就叫害人又害己。

"宰"顾客会坑害自己，"宰"自己的生意伙伴，更容易坑害自己。每个生意人都有自己的生意伙伴，要么甲从乙这里进货，要么乙从甲那里进货，或者互相之间有某种服务关系。生意场好比一张网，甲乙双方也就是网上的结，完全是一种共存共荣的关系。若是贪图近利，或者欺骗老客户，或者乘机从老客户身上狠狠"宰"一把，或者拖着老客户的货款长期不还，甚至准备赖账，如此等等，这种商家的生意很难做大。对待生意伙伴必须始终抱着互惠互利的原则，自己赚钱的同时也要让对方有钱赚，生意才能长久下去，这是最基本的道理。

用什么来衡量商家的信誉好与不好？办法很简单，看看他的回头客比例有多大。生意就是靠这些回头客做起来的。

有的商家自己生意做得不好，就把账全算到顾客身上，想方设法从顾客身上多捞一些利润，于是不管是谁，只要来了，狠"宰"一刀没商量。

有的商家把自己的赚钱目标和指向仅仅建立在每天的营业收入上，来一个"宰"一个，这是典型的"井底之蛙"。对顾客毫无诚信可言，这样的商家永远不会做大生意。

有的商家急功近利，目光短浅，只重外观，不重质量。经营的商品以假充真，以劣充好，从中牟取非法利润。在他们看来，天天都有新客到，回头客不算什么。

有的商家只认钱不认人，只要有钱可赚，不管其他。如此经营，如何能长兴久盛？

有的商家把回头客当成摇钱树，今朝有钱今朝赚，明日自有生客来。殊不知，一个企业的稳定经营，在很大程度上要靠口耳相传，杀熟等于前功尽弃。

老顾客才是最好的顾客。维持一个老顾客比发展一个新顾客划算得多；在一个老顾客身上所花的投资远比在一个新顾客身上所花的投资要少得多。从这个意义上说，用心留住老顾客，让他们帮自己发展新顾客，这是最切实可行的赚钱之道。

赚钱首先要树立"个人品牌"

"核心竞争力"这个词是近些年随着经济的发展而流行起来的，主要是针对人或者企业而言的。核心竞争力必须是一个人自己特有的，并且是竞争对手难以模仿的，这种能力首先能很好地体现自己的价值和能力，或者声誉和赞赏。换言之，就是要树立自己的"品牌"，并且你的"品牌"是别人无法模仿的。

人也有"品牌"。例如，一谈到某位名人，我们就会联想到一系列与之相关的东西。在日常生活中，相信大家都听过某某人"品质好"、某某人"品质不好"的评语，这就是人的品牌。众人的评语好，说明你给人的印象好，表示你的"品牌"好，反之，则"品牌"不好。

成功企业家在经营商品的同时，更注重经营人品。成功者深知舍与得的关系，只有舍，才能得。他用尊重换取顾客的信任，他用信誉赢得顾客的支持。

那么我们应该如何创造自己的"品牌"呢？下面两种做法值得借鉴。

首先，你要维护自己的"品牌"。简单地说，就是不要让别人给你贴上不好的标签，例如懒惰、喜欢投机、不忠诚、薄情寡义、好斗、阴险……一旦他人对你贴上这样的标签，他人对你的信赖程度必定降低。虽然你并不是那样的人，但在关键时刻，这些标签会对你造成伤害。要改变这种"品牌"印象就不太容易了，就像我们买东西上当后，就不再信任那个品牌一样。人们常常以"第一印象"来评论某个人，因此做人做事必须特别小心。一时的瑕疵，一辈子也洗刷不清。商品可以换品牌，重新包装，人却不能。

其次，积极强化你的"品牌"。也就是通过各种方法，去塑造你在别人心目中的印象，就像商品做广告那样。人的"品牌"的广告有很多种做法，特意制造一些事件使自己成为新闻或同行口中的谈资是一种方法，但这不太容易，要花不少心思。如果操作不当更会弄巧成拙，因此这种方法不可取。

还有一些做法可以达到同样的效果,也就是发挥长处,避免暴露短处。长处有目共睹,别人就不会在乎你无伤大雅的短处,例如你工作能力很强,但却有些不善言谈,有些人也许就欣赏你的工作能力,而不在乎你的不善言谈。好比家电耐用品质好,但不在乎耗电量稍高。于是,"工作能力强"便成为你的"品牌",这个"品牌"是你进一步发展的最大资源。

创业经商,经营的是人品。成功的商人真诚地对待顾客,你视顾客为上帝,顾客也会喜欢你的商品和服务,因为顾客在你这里体会到了购物的乐趣和真诚的服务。其实,一个人的价值和商品的价值是一样的,只要具备核心竞争力,就会在人们心中占有一席之地。

"贵人"是获取财富的筹码

俗话说"七分努力,三分机运"。人们一直相信"爱拼才会赢",但偏偏有些人拼尽全力也不见得赢,关键在于缺少别人相助。在攀上事业高峰的过程中,关键人物相助往往可以达到事半功倍的效果,这将大大提高成功概率。有了关键人物的提携,再加上你个人的能力与努力,你一定比别人早一步成功。

美国历史上出现过两个罗斯福总统,老罗斯福是西奥多·罗斯福,小罗斯福是富兰克林·罗斯福。老罗斯福与小罗斯福是叔侄关系。

小罗斯福哈佛大学以后,一直想出人头地。哈佛大学同美国其他大学一样,把体育活动放在很重要的位置,可罗斯福的体质比较差,使他不能在这方面有所突破。他太瘦弱了,身材较高,体重却不及常人。因此,橄榄球队、赛艇队都未能入选,他只能做啦啦队队长。小罗斯福看自己在体育方面毫无出路,于是决定另谋他途。

他看中了哈佛校刊,做校刊的编辑是引人注目的,然而这并非易事。为了达到目的,他巧妙地利用了其堂叔老罗斯福的影响力。

老罗斯福当时正担任纽约州州长。小罗斯福来到堂叔家里,称哈佛学生都很崇拜老罗斯福,尤其想听听老罗斯福的

第5章 争价不争秤，赚钱先赚人

演说，一睹州长的风采。老罗斯福一高兴，就来到哈佛大学发表了一场演说，这场演说从头至尾都由小罗斯福一手操办，而且演说结束后，老罗斯福又接受了小罗斯福的独家采访。这样一来，校刊编辑部便开始关注小罗斯福，认为他有当记者的天赋，于是聘用他做了助理编辑。

不久，他的堂叔作为麦金来的竞选伙伴与民主党的布赖恩竞选总统。哈佛大学校长的政治倾向自然引人注目。小罗斯福决定再充分利用这次机会，向主编提出要采访校长。主编认为这是徒劳无益的，而小罗斯福却坚持要试试看。

校长接见了这名一年级新生。面对威严的校长，小罗斯福并没有被吓倒，他坚持要校长表明自己将投谁的票。校长很赏识他的勇气，高兴地回答了他的问题。小罗斯福因此名声大噪，不但哈佛校刊上刊登了小罗斯福采写的独家消息，全国各大报纸也纷纷转载，小罗斯福一时成为人们街谈巷议的话题。临近毕业时，他当上了哈佛校刊的主编。

小罗斯福大学毕业时，除哈佛校园里的人以外，公众对他毫不知晓。1904年,他不顾母亲的反对,宣布与远房表妹订婚。1905年,他们在纽约举行了盛大婚礼。小罗斯福特别邀请了在总统任上的老罗斯福参加。婚礼那天,宾客如潮,但大部分人都是为一睹总统风采而来。这次婚礼之后,小罗斯福的名气更大了。

可见,借名人之影响力办事会对我们有所帮助。小罗斯福三次巧借堂叔的力量和威名,抬高自己,达到了出人头地、引人注目的目的。这便是借名人之名望,办成大事的成功范例。

其实借助贵人的名望不一定单指有权有势的大人物,它可以是一位学识渊博的导师,可以是道高望重的长者,也可以是一个组织或者协会,它的宗旨和观点与你完全一致。通过跟别人合作,同心协力,你就能够创造出一种新局面。西方所谓的民主选举中,许多企业家通过支持"适当"的候选人,就可以创造一位有权有势的伙伴。正因为此,当地的商界人士常常慷慨解囊,大笔捐款,以便扶持一个能帮助他们达到政治目的知名人物。

总之,只要你眼光长远,思路开阔,你就会发现你有很多可以借助的贵人。用今人的眼光来看，借用贵人名望并没有什么不好，有了贵人的提携，再加上你个人的能力与努力，你一定比别人早一步成功。

CHAPTER 06
翻盘

<第6章>

睡得地板，当得老板

世界上，有一出生就身价千万的人吗？当然有，不过很少。你看每年的胡润财富榜，有几个人的财富是来自祖辈？根据2020年美国某商业杂志的调查，在该年财富500强中，有80%的人都靠自己白手起家。

众所周知，温州是一个"盛产"企业家的地区，那么他们究竟是靠什么取得巨大成功的呢？流传在温州人中的一句话，值得所有人深思，那就是"睡得地板，当得老板"。其实，不只是在温州，在全国范围内，许多成功人士都出身平凡，没有本钱，也没有人脉，他们只凭着一股韧劲、一种吃苦耐劳的精神，历经磨难，百折不挠，走过曲曲折折的路才获得创业的成功。

一言以蔽之，人不怕没有钱，就怕没有想赚钱的韧劲。这种坚韧，不是对别人，而是对自己。

第6章 睡得地板，当得老板

老板都是苦干出来的

不要羡慕老板现在的风光，要探究老板过去的艰难。每一个风光老板的背后，都是一部艰辛创业史。王永庆，1917年1月18日生于台北县新店，原籍福建省安溪县。其父王长庚以种茶为生，生活颇为艰辛。小学毕业那年，15岁的王永庆便到茶园当杂工，后又到一家小米店做学徒。

第二年，他就用父亲借来的200元钱做本金自己开了一家小米店。1954年筹资创办台塑公司，1957年建成投产。靠"坚持两权彻底分离"的管理制度，他的"台塑集团"发展成为台湾企业的王中之王，下辖台湾塑胶公司、南亚塑胶公司、台湾化学纤维公司、台湾化学染整公司、台旭纤维公司、台丽成衣公司、育志工业公司、朝阳木材公司和新茂木材公司等数家公司，在美国还经营几家大公司；总部资本额在1984年就超过45亿美元，年营业额达30亿美元，在台湾企业中首屈一指。与台塑集团企业有紧密合作关系的下游加工厂共有1500余家，王永庆是台湾地区第一个进入"世界企业50强"的企业家。

对于自己的成就，王永庆总是将它看作一种勤奋、吃苦耐劳换来的成果，他常用自己的经历勉励子女："对一个胸无大志的人来说，吃苦是一种灾难，这意味着他轻轻松松享受生活的愿望遇到挫折。而对一个成就大事的人来说，吃苦具有难以取代的积极意义。因为吃苦能激活自己的全部潜能，完成平时看起来不可能完成的事，从而获得真正的自信。"

王永庆究竟受过多少苦呢？18岁那年，王永庆在嘉义开了一家碾米厂。那时候，台湾地区还处在日本帝国主义的残暴统治下，殖民政府实行差别待遇政策，中国人做生意很不容易，处处受到日本人的欺压和排挤。

在王永庆的碾米厂附近，有一家日本人开的碾米厂，老板名叫福岛正夫，具有多年办厂经验，实力雄厚，在同行中名列前茅，而且他还能享受到许多王永庆享受不到的优惠条件。在这种现实条件下，王永庆似乎根本没有跟福岛正夫竞争的能力。但是，永不服输的王永庆却瞄上了这个强大的对手，他决心凭自己的努力，跟福岛正夫一较高下。

福岛正夫的碾米厂每天下午6点下班，王永庆却将下班时间推迟至晚上10点。多干几个小时,就可多赚几个小时的钱。碾米厂的活又脏又累,福岛正夫每天都要去澡堂洗一个热水澡;王永庆却仗着年轻体壮,天天洗冷水澡,即使冬天也不例外。他认为,每天省下几分钱,等于比福岛正夫多赚几分钱。

王永庆苦干苦做,生意很快超过了福岛正夫,在嘉义几十家碾米厂中位列第三,将福岛正夫挤到了第四。一个年龄不到20岁的小伙子能取得如此成就,十分难得,他因此声名大噪,成为当地的知名人物。这一成功,激励了他成大事、创大业的勃勃雄心,也为日后的事业腾飞奠定了物质基础。

王永庆用他成功的事迹表明,苦难是成功的起点。

俄国作家列夫·托尔斯泰说:"人生不是一种享乐,而是一桩十分沉重的工作。"月有阴晴圆缺,人有旦夕祸福。人生不可能永远一帆风顺,人生旅程中,如同穿越崇山峻岭,时而风吹雨打,困顿难行;时而雨过天晴,鸟语花香。当苦难当道时,有的人自怨自艾,意志消沉,从此一蹶不振;而有的人则不屈不挠,与困难作斗争,他们才是生活的强者。

苦难是人生的必修课,强者视它为垫脚石或一笔财富,结果他们的成绩是优秀;弱者视它为绊脚石或万丈深渊,被它压垮,结果他们的成绩是不及格。苦难是人生的沃土,是磨炼意志的"试金石"。不经三九苦寒,哪来傲雪梅香?曹雪芹若不历经沧桑磨难,哪有《红楼梦》的传世?司马迁若不忍受宫刑和一次又一次痛苦,就不会有举世不朽的《史记》;若没有主人公保尔·柯察金苦难的人生,《钢铁是怎样炼成的》就不会激励一代又一代人。从古至今,苦难都是人生的一笔宝贵财富。勇者在苦难面前永远不会低下高贵的头。

但是,如果一个人好逸恶劳,不思进取,自甘落后,不为自己的家庭和事业而奋斗,那么他也会像某些纨绔子弟一样,最终白白消耗自己的一生。只有像森林中的橡树那样,敢于和狂风暴雨作斗争,才能让风雨助益自己成长,最终屹立于森林。

"故天将降大任于斯人也,必先苦其心志,劳其筋骨,饿其体肤,空乏其身,行拂乱其所为;所以动心忍性,曾益其所不能。"这是《孟子·告子下》中的一段文章,大意是:上天要把重任交给某个人时,一定要先使他的心志困苦,使他的筋骨劳累,使他忍受饥饿,使他的身心困乏,扰乱他,使他的所作所为都不顺利,为的是要激发他的心志,坚韧他的性情,增加他所欠缺的能力。

无论是王永庆的忠告,还是孟子的箴言,都说明了一个道理：生活中所有的困苦都是为了磨炼心志和能力。当然，这并不一定是"上天"的意思，但我们可以相信：凡是在困苦的环境中没被击倒，并且更加奋发的，都有百折不挠的韧性和坚持到底的毅力；而恶劣环境中一再地磨炼，更能提升、强化人的能力和见识，这正是肩负大任的必要条件。所以，走过困苦的人，必能承担大任，而这就是成功的本钱。

懂得给自己打工

温州人有很深的老板情结，他们不担心"职业"，只担心"事业"。别人找工作做，温州人更愿意找生意做。有人说："十个温州人中九个是老板，还有一个准备当老板。"这话一点儿也不夸张，如果按人口比例来计算，温州的老板绝对是全国最多的。

九九加一实业公司总经理林立人就是温州人，他曾这样调侃自己："我只能做老板，像我这样没有学历、没有专业技术的人，打工没人要，只好做老板。"温州人戏称自己是"有小钱做小老板，有大钱做大老板，没钱借钱做老板，借不到钱做梦也要当老板"。

在创业浪潮一浪高过一浪的今天,"给自己打工"是很多人的梦想,但真正迈出这一步却需要勇气。因为给别人打工,朝九晚五、生活稳定,每月领取固定工资,也无须承担太大风险。而给自己打工就不同了,"老板"二字听起来虽然顺耳,但做起来却很辛苦。特别是创业之初,事无巨细,皆需打理;一着不慎,满盘皆输。别人下班了,你不能下班;别人周末休息,你还要忙其他事务;别人日子过得安逸,你在商海中面对惊涛骇浪……选择做老板,就意味着付出更多,但也会得到更多。

人们创办自己的企业可能会带来非常诱人的回报。不过,在你决定辞职做老板之前,还应仔细思量。对做一名领固定工资的职员与自己当老板这一问题,不能简单地分为孰优孰劣。因为角色不同,所承担的责任与义务也不同,很难说哪一种更好,要看是否适合自己。

在人们眼中,老板是能够独立承担风险、颇富创新意识的偶像。而打工则是去企业谋职,参与团队工作。从打工者转变为老板,具体有哪些不同呢?

我们先设想一下,自己是一次海难事件的唯一幸存者,被困在一座孤岛上。一分钟以前,你的饮食、娱乐等所有需求都有人照顾,现在这一切突然没有了。你如何活下去,如何保持自己的信心呢?如果一时无人搭救,你会适应并喜欢上这种新生活吗?

从打工者转为老板的旅途充满艰难险阻。你做好充分的准备去迎接这一挑战了吗?你是否适合做创业者?对此,你先回答以下几个问题,看一看自己的成功概率有多大。

(1)你是否怀念在公司的工作?一些人对在公司工作十分怀念并产生强烈的成就感。

(2)你为什么要离开原来的公司?很多成功的创业者之所以离开原来的公司,是因为他们有一个了不起的新创意。这种新创意是一种能量的源泉,可以补偿其独立创业时的资源匮乏。

(3)你的人际关系如何?与不同行业的人建立良好关系,是你不断开拓业务的关键技能。

(4)你如何应付不同的压力?做老板,很难把个人生活与商业困境分离开来。

(5)现在是合适的时机吗?当你离开公司创业时,你的经济和个人压力应是最小的。

（6）你真的想自己做老板吗？你独立支撑公司时，该如何面对？顾客、合作伙伴、投资者其实也是你的"老板"，他们和公司里那些发号施令的老板一样，会令你的生活不堪重负。

（7）你是否非常渴望成为老板？如果答案是否定的，创业前最好三思。你必须具有做老板的激情，才有可能驱使自己走向成功。

此外，无论你从事哪个行业都要面对以下问题：

首先是孤独感的问题。在公司里上班或许有很多缺点，但这样的团队工作却能为你提供一些精神上及体力上的支持。公司中的组织架构通常能让员工享有彼此回馈及鼓励的好处，但是独立创业者却没有这样的待遇。这时，坚强的自信心与强烈的自我认知是不可或缺的。

其次，身为创业人，事业对你生活的影响是巨大且直接的。在公司当职员会让你的工作与个人、家庭生活分离开来，而当老板付出的时间与精力，则会占用你的分分秒秒。毕竟，你一天24小时都肩负着当老板的责任。

生意风险是最受瞩目的问题。虽然在公司工作也会承担风险，但是比起自己创业可谓小巫见大巫。创业若是失败，不仅财产受到损失，个人的自尊心、企业的声誉，乃至个人的幸福都会受到影响。有时你甚至会负债累累。

看了上面的分析,不少人可能会对自主创业产生犹豫。犹豫是正常的,谨慎没有错。毕竟这个世界,给别人打工的永远是大多数,人人当老板是不可能的。有的人适合创业,有的人则不适合。或许温州特殊的地理环境与人文传统,让温州人体内流淌着适合做老板的血液。

在黑暗隧道中坚持到底

创业就像一头扎入了一个黑暗的隧道,只要坚持下去,就一定会迎来曙光。然而漫长的时间往往比自己的预期更长,需要的资金也比预期的多,付出的劳动更是难以估量……很多局外人只看到梦想实现时的辉煌,却没有看见创业者在黑暗隧道中的苦苦挣扎。美国 MCI 的创业者花了 10 年时间,才打破了通信业巨头 AT&T 独占市场的情形,他承认自己并未估计到需要那么长时间,如果他早知道这样,或许早就寻找其他出路了。很多创业者在创业后发现成功并没有那么容易实现,因此开始怀疑自己是否选错了行业。

从权威的调查情况看，一个企业从创立到基本稳定，需要1~5年时间。最普遍的是两年，因为超过两年企业还未盈利的话，很可能因资金枯竭而倒闭。而个人服务性公司，如家政公司等，可以在一年内站稳脚跟，原因是这类公司是劳务型公司，投入少且固定支出小，只要有客人就有收入。但是这类公司极难成长，原因是如果业务增多就需多招聘员工，员工在掌握技术后，容易离开老板而自立门户。因此，这类公司通常规模较小，同时采取低价位的竞争方式。

一般来说，一个小型企业从创立到站稳脚跟至少需要两年，一些行业甚至需要更长时间。例如利润较薄的电器销售行业等，需要4~5年才能稳定下来。再如，经营旅馆的陈先生，第二年才稳定下来，第三年开始进入佳境。而前两年毫无盼头的经营状况，几乎使他崩溃。

陈先生在经营旅馆之前，在一家企业管理过小型旅馆，对管理业务非常熟悉，他还做过房地产经纪人，因此对地产业务也相当熟悉，这对他决定买下旅馆自主经营大有帮助，但是在他买下旅馆后，却发现情况大不相同。财务问题、员工问题等令他烦恼不已，同时由于创业前两年经营上的压力，使他感觉进了一条看不到尽头的隧道。

第6章 睡得地板，当得老板

类似陈先生这种体验的创业人士比比皆是。原本市场看好的行业在创业者进入之后竟然发展缓慢。企业开张时原本估算很快可以盈利，因此聘用了足够的员工，租了很大的场地。由于运营不理想，只好大幅修改计划，裁员和减少支出。这样做虽然可以使企业暂时勉强生存下去，但是随之而来的却是由于大幅减少投入致使企业停滞不前。缺少市场投入，研发新产品或售后服务不足，都可能导致企业倒闭。当然，是否减少这些必要的支出，关键还是看创业者对目标的坚持和勇气以及对风险的承受能力。如果创业者心中并无具体目标，又不愿减少这些支出，就只能挺而走险。

经营日本餐馆的陆先生对此深有体会。陆先生接手这家日本餐馆时，餐馆生意一直在下滑，但陆先生凭着多年经营中餐的经验，定下了具体目标。上一个餐馆经营者认为这家餐馆处在购物中心，被几十家餐馆包围，竞争太激烈，不易生存；而陆先生却认为，众多餐馆在一起有规模效应，反而可以带来生意，只要经营得法，菜品独特，客人应该络绎不绝，因为购物中心有足够的人流。在资金周转上，他借助过去的信誉和餐馆进货月底统一结算的惯例，大力发展特色菜，同时在各种媒体上做广告。虽然支出增多了，但客人也增多了，陆先生很快将下滑的生意扭转过来。陆先生挽救这家餐馆不是用紧缩的办法，而是用扩张的办法。

在谈到这些经历时，陆先生认为除了得益于他多年的经营餐馆的经验外，还得益于同行之间的交流，以及朋友的忠告和父母的意见，最重要的是他明确了自己所能做的和所能达到的具体目标。

因此，创业者在创业初期，发现离"隧道"尽头还有一段路时，要仔细评估一下自己心中的目标，不要轻易放弃。

用顽强和坚韧武装自己

众所周知，拳击擂台上，最后的冠军不一定是拳法最高明、体力最强大者，而可能是那些具有超强抗打击能力的人。

成功者在创业的路上，会遇到无数"重拳"。不在"重拳"击打中倒下的人，才可能笑到最后。那么如何才能抗得住"重拳"的打击？这当然与资金、个人素质有关。资金很重要，资金一旦出问题，就像一个在拳击擂台上体能耗光的运动员，除非你能迅速恢复体能，否则只有被击倒或主动认输。资金问题看似是钱的问题,实际上是人的问题。归根到底还是个人能力和思维层次的问题,如果你能积极应对并施展个人能力,资金问题是有办法解决的,否则白手起家从何而言?

一个偶然的机会,美国威斯康星州的伊黛和邓肯太太合作成立的"少女公司",生产出一种在当时很时尚的内衣,在市场上十分走俏,这巨大的利益吸引了竞争者们纷纷加入。为了增强竞争力,伊黛打算暂时不分配利润,并尽可能借钱,购买机器设备,雇用员工,扩大生产规模。

邓肯太太只是一个普通的家庭妇女,不像伊黛那么有野心,她对现在赚到的利润已经心满意足,而且担心举债经营会赔光现有的钱。她坚决要求即时分配利润,两人的意见发生严重分歧,只好解散合作。

来自于最亲密合作伙伴的"出拳",对于伊黛来说无疑是最致命的。因为当时合伙公司刚刚以分期付款的方式购置了一批新设备,两人散伙后,现金全被邓肯太太带走,伊黛需要另借一笔钱来支撑企业运营。这样,公司只剩下一些机器和一大笔债务,陷入无米下锅的窘境。伊黛寻找新的合伙人,没有人答应;向人借钱,得到的回答都是"NO",因为这场内讧使人们误以为"少女公司"的生产经营遇到了严重阻碍。更糟糕的是，不明真相的债权人纷纷登门逼债，让伊黛穷于应付。员工们眼看公司大势已去，纷纷跳槽，200多名员工最后只有30多人留下来。

伊黛遭此打击，难免灰心丧气。但她知道，唉声叹气对结果没有任何益处——在拳击擂台上被打得鼻青脸肿的运动员会有什么结果？她意识到自己应该多想解决问题的办法。经过几个不眠之夜的反复思考，伊黛确定了"安定内部、寻找外援"的思路。

首先，她要设法稳住留下来的30多名员工，不给外界留下公司"即将倒闭"的印象。她开诚布公地向员工们说明了公司的真实情况，并宣布将十分之一的股权分配给他们。这样，员工离职现象再也没有出现。

接下来，伊黛需要积极筹措资金。经过多次碰壁后，她从银行家约翰逊那里获得了50万美元贷款。有了资金，"少女公司"立即焕发生机，它的业务成长得比以前任何时候都快。

经过一段时间发展后，"少女公司"的产品从内衣扩大到睡衣、泳装等，产品畅销100多个国家，成为一家世界知名的大公司。

伊黛作为一位杰出的女性，她对坚强的理解更为深刻，并以此来告诫那些梦想创业的朋友:"当坏事已经降临,悔恨、抱怨、痛苦,都没有建设性的效果。唯有从事情变坏的原因着手,设法修正它,以免事情变得更坏和同样的坏事再一次发生。这才是有建设意义的做法。"

斯巴昆说:"有许多人一生之所以伟大,那是来自他们所经历的大困难。"精良的刀剑是从炉火的锻炼与磨励中得来的。很多人具备"大有作为"的才智,但是由于一生中没有同逆境搏斗的机会,没有被困难充分磨炼,不足以激起其内在的潜能,终生默默无闻。

每一次挫折中都蕴藏着成功的种子。俗语说"能吃多大苦,就会享多大福",说的就是这个道理。挫折与成功是对立的矛盾统一体。在你承受挫折的同时,往往也是你增长见识、增强能力、提高成功概率的良好时机。有时候,挫折甚至会带来超过自身价值的回报。

怨人者穷,奋斗者富

现实生活中,生活过得捉襟见肘的人,当遇到挫折和困境时，往往习惯于怨天尤人，不是从自身找原因。而成功者遭遇失败的打击时，则首先反省自己，并积极努力寻找解决问题的方法。

古人云："自知者不怨人，知命者不怨天；怨人者穷，怨天者无志。"意思是说，有自知之明的人不抱怨别人，掌握自己命运的人不抱怨天；抱怨别人的人则穷途而不得志，抱怨上天的人就不会立志进取。在市场经济的大潮中，任何满腹牢骚、怨天尤人的举动都毫无意义，任何财富的获得都不是怨出来的，而是赚出来的。

在市场经济大潮中，成功的公司多，失败的公司也不少。许多公司第一次失败时，不是积极反省，而是怨天尤人，结果失去了翻盘成功的希望。而有的公司或许一开始就面临失败的诸多因素，但他们从不怨天尤人，而是脚踏实地地奋力拼搏，最终到达了成功的彼岸。

罗斯经营了近10年的化肥厂宣布停产，公司的倒闭对于罗斯来说是一个沉重的打击，这时他已经48岁了，拖着两条像灌满铅的腿，垂头丧气回到家里，突然有许多从未想过的问题蹦出来——关于生命、金钱、人生的价值，还有活着的意义，一时间充斥着罗斯的脑袋。但是，他没有怨天尤人，

第6章 睡得地板，当得老板

而是选择了重新奋斗这条艰难之路。

为了还债和支撑生活，罗斯背上空空的行囊踏上了前往阿拉斯加的路途。当罗斯来到人潮汹涌的码头时，一下子就被眼前的景象惊呆了。不要说劳务市场里人山人海，就连附近一些还未竣工的楼房里，都东倒西歪地躺满了没找到活的失业人员，看到这些衣衫褴褛的落魄男女，谁都会禁不住倒吸一口凉气。

尽快找到一份工作！这是罗斯唯一的愿望。然而那时正值生产淡季，绝大部分工厂不招工，忙碌了数天的罗斯一无所获。由于盘缠有限，他不得不离开那家一个晚上15美元的小旅馆。当时路宿街头是十分危险的，在昏黄的灯光下，罗斯终于在一个立交桥下的桥洞里找到了住处。为了生存，罗斯开始捡垃圾。一分汗水一分收获，罗斯平均每天可以挣60美元。随着"拾荒队伍"不断扩大，"货源"一天比一天少，有时挑着担子跑了很远，收获却寥寥无几。

一段时间后，已有一万美元积蓄的罗斯发现街头有几家俄罗斯烤肉摊，便照葫芦画瓢干了起来。刚开始罗斯的生意不如那些俄罗斯老板，但他肯动脑筋，知道顾客对餐饮最关心的就是卫生，便把自己的衣服洗得干干净净，烧烤用具擦得锃光瓦亮，盘子里的肉品摆得整整齐齐，他以一个全新的烤肉店老板的形象出现在街头，人们开始涌向罗斯的烤肉摊。他又在质量上下功夫，不仅向同行学习，还向顾客请教，结果罗斯烤出的肉品香气扑鼻。没多久，罗斯的摊位由一个增到两个、三个……成为阿拉斯加街头颇有影响的烤肉店，最后他创办了罗斯肉类食品公司。

从破产到捡破烂，从卖烤肉到罗斯肉类食品公司，罗斯就是这样一步步地打拼，从失败中开拓出希望的天地。

失败是在所难免的，创业失败了就应该像罗斯这样不服输，不怨天尤人，而是四处寻找机遇，探求商机，迎难而上，敢打敢拼才能反败为胜。

老子曾经说过："胜人者力，胜己者强。"这就是说，能战胜别人的人只是有力量，而能战胜自我、超越自我的人才是真正的强者。创业者在市场经济条件下要做反败为胜的成功者，首先要战胜自我，更新观念，转变思路，把抱怨化为行动的力量，从而开辟新的天地，成就自己。

CHAPTER 07

翻盘

<第7章>
既要有胆，更要有识

收益越多,风险越大,很多人对此都有深切的感受。香港著名企业家霍英东先生曾回忆说,他的儿女小时候都是请专职教练教游泳。霍英东专门聘请的这位教练是个游泳名将,可是两年的时间过去了,孩子们依然"浮"不起来。他看在眼里,急在心上,把教练辞退后亲自指导,结果不到一个月,小家伙们全都学会了游泳,一个个都能"浮"起来了。当有人问霍先生,教会孩子游泳的成功秘诀是什么时,他说:"其实很简单,我将他们统统推入水里,逼着他们去学,结果就学会了。其实每个人都有会游泳的潜力,就看自己的胆量是否够大而已。"

后来霍英东先生以这件事为例,来鼓励他的追随者。他说:"道理是一样的,那就是想要成功就一定要'够胆',一定要坚决、彻底。不能畏首畏尾,否则会'溺死'!"如果把霍英东先生所说的"够胆"解释为有胆识,那么"够胆"就是一种特殊的勇敢,而能够成功翻盘,实现人生逆袭的常常就是那些有胆有识的人。

第7章 既要有胆,更要有识

敢作敢为,大胆设想

美国实业家希尔顿在自传中提到:成功者要有雄才大略,须有胆识,敢作敢为,大胆设想。他说:"以我的经验来看,大部分人屡屡失败的原因在于他们低估了自己的价值,错误地判断了自己的能力。"这话说得非常透彻。如果你想获得成功,甚至从成功走向更大的成功,你首先要做一个有胆有识的人,千万不要低估或小看自己。世界上没有任何事情是绝对的,成功者与失败者的最大区别,往往不在于他们能力的大小或想法的好坏,而取决于他们是否"够胆量",是否胸怀大志。

20世纪80年代末期,一名河南省某大学经济管理专业毕业生来深圳供职。他发现深圳的四大热带植物中,椰子、咖啡、橡胶都有人开发了,唯独槟榔无人问津。原来槟榔可以入药,开发起来难度很大。可是这名毕业生十分"够胆",敢作敢为,克服了许多困难,终于成功地开发出"槟榔口服液""槟榔酒""槟榔口香糖"等产品。尽管这样,他还是不满足,又产生一个新的更大胆的设想,那就是利用毗邻的洋浦开发区,建立国际食品工业城,让中国的槟榔和其他食品走向全世界。

一位军人曾谈起他所在部队流传的一条"格言"——"只管做,莫怕错"。这条格言细细斟酌起来还挺有意思。如果你总是羡慕那些成功者的成就,却不学他们当初那股"够胆量"的勇气,那么成功就会与你擦肩而过。既然如此,何不勇敢地"只管做,莫怕错"呢?

克特宁是美国著名的企业家,他在研究柴油发动机时,很多人劝告他放弃这种研究。劝告者们异口同声地说:"柴油发动机的研究在理论上根本站不住脚。"克特宁没有因此而动摇,只是来了个"只管做",后来他终于研制成功了。他特意邀请那些曾劝告过他的人,参观公路上飞驰的柴油发动机汽车。这一成功是否属于"超级",另当别论,但克特宁所在的美国通用汽车公司则在重型载重车制造上处于领先地位。据说,克特宁曾给一所大学建造图书馆捐款,该图书馆落成后,校长问他:"你想在大门上刻些什么话呢?"克特宁回答:"请刻上'冒着风险走进来吧'。"克特宁的意思就是"莫怕错"。

第7章 既要有胆,更要有识

我们提倡"够胆",并不是主张你盲目地乱冲乱闯。"够胆"是一种思想解放,是成功者应具备的胆识。可是有胆识,也要有"眼光",更要敏感。光有胆识,没有"眼光",充其量是"匹夫之勇",也就是平常人们所说的有"勇"无"谋"。这样的人迟早会"胆怯",最后等待他的只能是失败。

1900年,德国物理学家普朗克提出了黑体辐射的经验公式,大胆引进了"光量子"这个假设,从而奠定了现代物理学的基础。这就使整个物理学进入一个崭新的发展阶段。普朗克之所以能获得如此大的成功,是因为他当初有胆识地用"光量子"来解释黑体辐射。后来,这位当年的勇士慢慢变得"胆怯",他先后三次修改了原来的理论,并力图把自己的理论推翻。最后,他在物理学领域里变得毫无建树。希望我们都能吸取普朗克的教训,明确目标,做一个永远有胆识——"够胆"的人。

中国银行的王立民,曾被派往中国银行伦敦分行工作,专门从事风险性很强的黄金交易。1981年1月的一天,王立民接到从纽约打来的长途。对方是美国朋友布鲁斯,布鲁斯传递了一条最新消息:"美国总统里根遇刺!"王立民获悉后,凭职业的敏感性,迅速作出反应:立即购进一批黄金。这时,路透社却发出电讯:"里根遇刺的消息未被证实。"此时,身处风险中的王立民又接到布鲁斯的电话。布鲁斯一方面证实了里根确实遇刺,另一方面告诉王立民:"你要抓住时机啊!现在黄金市场比较混乱。"王立民对此也十分敏感,毫不犹豫地购进第二批黄金。当然,王立民多购进一批黄金,便多承担一份风险。因为一旦里根遇刺的消息失实,那么他两次购进黄金所造成的损失将无法挽回。

过了几分钟,路透社又传来电讯:"里根遇刺一事已被证实,里根现已送往医院抢救!"王立民兴奋得差点跳起来,如箭一般地冲回办公室,又立即购进第三批黄金。

此时,里根遇刺的消息传遍全球,世界黄金市场价格猛涨。当黄金每盎司涨到800美元时,王立民知道时机已到,果断地把刚买进的三批黄金全部抛售出去。从购进第一批黄金到全部抛售,前后只有十多分钟。在里根经抢救脱险的消息传出后,金价开始下跌,直至回复到原来的水平。短短十多分钟,王立民三进一出,为中国银行赚回大量外汇。

王立民成功了!事实证明:谁在成功之路上反应迟钝,举措不力,谁就会坐失良机,遭受失败,痛失成功。

当今时代,一些重大成功靠的就是敏感。敏感的广州宝乐自行车公司一举成功，可以很好地说明这一点。车主丢失自行车后会烦恼，他们多么希望有人帮助他们减少烦恼或挽回损失啊！敏感的宝乐公司抓住了车主的心态，推出了一套"丢车包赔，车坏包修，让骑着靓车的人不怕偷"的营销举措。

原来，该公司为其产品增加了特殊的防偷标志以及专用锁，从而敢于做出丢车包赔的承诺。此举深受消费者欢迎，该公司的销售额也随之直线上升。

无独有偶。上海一家自行车商店也推出："凡在本店购买的自行车，一年内发生丢失，填好失窃单后到本店再购新车，按新车价格的30%予以补偿。"这样一来，该店的营业额明显增加。

其实，不只是市场竞争中获取成功靠敏感，就是做其他事情，敏感也是至关重要的。成功者不但要有胆识，更要具备敏感的素质。

"一窝蜂"也是一种不好的现象。一旦有人在一个地方成功了，很多人便会往那儿挤。结果，在一个狭小的范围内出现你争我夺、互相拥挤的态势。这恰恰是不敏感导致的后果。

优秀的足球运动员都极其敏感，并且具有强烈的"射门意识"。我们将这种"射门意识"借鉴到追求成功的活动中来，可以使人们得到有益的启示。在成功之路上，有人"射门"错过时机，有人"射门"一举成功。两者的差别就在于是否"够胆"和"敏感"。

抢先一步，敏感一点，就可尝鲜；犹豫不决，不敏感，必定吃亏。获取成功的"机会"对每个人都是"均等"的，谁能把握"机会"获得成功，就要看谁更"够胆"、更"敏感"了。

总之，"够胆"是一种思想解放，是成功者应具备的胆识。风险中蕴藏机会，机会稍纵即逝，果断是追求成功的重要心理品质。

只有输得起，才能赢得起

有一个人听到一阵敲门声，壮着胆子问是谁。门外传来声音："快开门，我是机遇"。这个人有些害怕，犹豫良久，也没有开门。一会儿，敲门声再次响起，穷人打开门什么也没有发现，只有一张小纸条：机遇是不会第二次敲门的，傻瓜！

人要懂得在什么情况下学会认输。学会认输，就是知道自己在摸到一手烂牌时，不再希望这一盘是赢家；学会认输，

第7章 既要有胆,更要有识

就是在陷进泥潭的时候,知道及时爬起来,迅速地离开;学会认输,就是学会承认失败,学会选择与放弃。

用美国投资家贺希哈的话说:"不要问我能赢多少,而是问我能输得起多少。"只有输得起的人,才能赢得最后的胜利。贺希哈17岁的时候,开始自己创业。他第一次发财的时候,也是他第一次得到教训的时候。那时候,他一共只有255美元,在股票的场外市场做一名掮客。

不到一年,他就赚取了16.8万美元。他为自己买了第一套像样的衣服,在长岛买了一幢房子。但是,此时正值第一次世界大战的休战期,贺希哈聪明得过了头,他趁着大减价,果断地买下了隆雷卡瓦那钢铁公司,结果却遭到了欺骗,只剩下4000美元。这一次,他得到了深刻的教训:"除非你了解内情,否则,绝对不要买大减价的东西。"

但是他并没有被失败打倒,后来,贺希哈放弃证券的场外交易,去做未被列入证券交易所买卖的股票生意。开始,他和别人合资经营。一年以后,他创建了自己的贺希哈证券公司。到后来,贺希哈做了股票掮客的经纪人,每个月可以赚到20万美元的利润。

1936年是贺希哈最冒险也是最赚钱的一年。在那个淘金的年代，一家叫普莱史顿的金矿开采公司在一次火灾中焚毁了全部设备，造成了资金短缺，股票跌到5美分以下。有一个叫道格拉斯·雷德的地质学家知道贺希哈是个思维敏捷的人，就把这个消息告诉了他。贺希哈听后，拿出25万美元做试采计划。不到几个月，黄金就挖到了——仅离原来的矿坑25英尺。这座金矿每年给贺希哈带来250万美元的净利润。

贺希哈输得起，所以才赢得彻底。有的人认为认输很难做到，认输之所以难做到，是因为它看起来就是要承认失败。大多数人认为，强者是不认输的。在这种意识的影响下，我们常被一些所谓的正能量词语所激励，以不屈不挠、坚定不移的精神和意志坚持到底，永不言悔。

人需要百折不回的意志和勇气。但是，奋斗的内涵不仅仅是英雄不言败、不屈不挠和坚定不移，还包括修正目标、调校方位。

在死胡同走到底并不是英雄，绝不认输只会毁掉自己。这种人连自己的心结都没有打开，怎么可能成为强者？

人生道路上，我们有时需要学会认输。认输就是适时地放弃，放弃了才能重新选择，才有机会获得更大的发展空间，赚取更多的财富。

第7章 既要有胆,更要有识

甘冒风险是翻盘的基础

什么是风险?风险是指由于形势不明朗而可能发生的危险。冒风险就是知道有失败的可能,但仍然坚持掌握一切有利因素,直至获得成功。

风险程度有大小的区别。风险小,利益大,那是人人渴望的处境。很多投资者会时刻留意这种有利的机会,但他们宁愿相信,风险愈大,机会愈大。成功的投资者不会贸然行动,他会衡量风险与收益的关系,当确信收益大于风险,成功机会大于失败机会时,才进行投资。他们虽甘愿冒险,但从不鲁莽行事。风险的成因是形势不明朗,若成功与失败一目了然,你只需选择其一,那不叫风险。但当前面的路途一片黑暗,你跨过去时,可能会掉进陷阱或深谷,但也可能踏上一条康庄大道,很快把你带到目的地。于是风险出现了,或停步,或前进,你要做出选择。

前进,可能跌得粉身碎骨,也可能攀上高峰。停步,也

翻盘

许得保安全,但也会错过大好机会,令你懊悔不已。

事业成功者,都有良好的做事态度,事前会预估种种可能招致的损失,对自己说:"情形最糟时,也不过如此!"然后拼尽全力,去实现目标,即使失败了,也觉得坦然,对自己、对别人问心无愧。

福勒出生于美国一个黑人家庭,他父母有七个孩子,他决定把经商作为生财的一条捷径,最后选定经营肥皂。于是,他就挨家挨户推销肥皂达12年之久,后来供应肥皂的那个公司准备拍卖,售价是15万美元。

他决定买下这家公司,但他资金有限。他把自己12年推销肥皂的2.5万美元积蓄作为保证金交给肥皂公司的老板,许诺自己在10天内付清余下的12.5万美元。如果福勒不能在10天内筹齐这笔余款,就要丧失所预付的保证金。

福勒在他推销肥皂的12年中,获得了许多富裕家庭的信任和赞赏,现在他去找他们帮忙。他从交情不错的人家那里借了一些钱,又从信贷公司和投资集团获得了援助。

直到第10天的前夜,他筹集了11.5万美元。也就是说,他还差1万美元。福勒回忆说:"当时我尝试了我所知道的一切贷款来源。"沉沉深夜,福勒在幽暗的房间里自言自语:"我要驱车走遍第 61 号大街。"夜里 11 点钟，福勒驱车向芝加哥 61 号大街驶去。驶过几个街区后，他看见一所承包商事务所亮着灯。他走了进去，在一张写字台旁坐着一个因深夜工作而疲乏不堪的人。福勒提醒自己必须勇敢些。

"你想赚 1000 美元吗？"福勒直截了当地问道。这句话把那位承包商吓得头向后仰去。

"是啊，当然啦！"他答道。

"那么，给我开一张 1 万美元的支票，当我奉还这笔钱时，我将另付 1000 美元利息。"福勒对那个人说。

他把其他借款人的名单给这位承包商看，并且详细地解释了这次商业冒险的情况。那天夜里，福勒在离开这个事务所时，口袋里装了一张 1 万美元的支票。以后，他不仅拥有那家肥皂公司，而且在其他七家公司，包括四家化妆品公司、一家袜类贸易公司、一家标签公司和一个报社，都获得了控股权。福勒的事业成功了，这主要归功于他敢于冒险的勇气与锲而不舍的精神。

"富贵险中求"，睿智的古代人早已为我们的翻盘指明了路径。越想保住既得利益而不敢进取的人，就越无法走向成功；处处瞻前顾后、小心翼翼的人，根本不可能取得更大的进步。走路抬头挺胸，个性豪爽，敢冒风雨，披荆斩棘，才是上天眷顾的宠儿。因为性格乐观、甘冒风险是做好所有事情的基础。独木桥的那一边是丰收的果园，自信的人大胆地走过去，摘到甘甜的果实，缺乏自信的人却在原地犹豫：我能过得去吗？此时，果实已被大胆行动的人摘完了。

"胆商"，你有吗

"不入虎穴，焉得虎子。"如果一个人想通过自主创业实现翻盘，就必须有勇气，不怕失败。所谓勇气，实际上是一种敢于冒险的心理特质，是一种不屈不挠对抗危险、恐惧或困难的精神，但知难行易，一般人很难培养出强大的勇气。如今许多人无法经济独立，是因为他们心中存有太大障碍。事实上，创业致富也是一种心智游戏，许多企业家在成功之前，他们经常不断地告诉自己，要成功就需要承担风险。

不少人常用后悔的口吻说，当年我要是如何如何，今天早就发达了。看好了一条路，却不敢去走，是人生悔恨的常见原因。为什么当时没有胆量呢？

成就一番事业，过去的说法是，取决于一个人智商的高低。后来，有人发现情商其实也很重要。而在当今这个纷繁复杂的环境中，"胆商"这一新鲜名词映入了人们的眼帘。

智商，是一种表示人的智力高低的数量指标，也可以表现为对知识的掌握程度，反映人的观察力、记忆力、思维能力、想象力、创造力以及分析问题和解决问题的能力。情商，就是管理自己的情绪和处理人际关系的能力。胆商，则是一个人胆量、胆识、胆略的度量，体现了一种冒险精神。专家认为，在成功的内因中，智商是成功的必要而非充分条件，情商是成功的心理基础，胆商是成功的前提。一个人要想事业有成，三者缺一不可。

智商并不是固定不变的，它可以通过学习和训练得到开发、提高。若想做一个成功者，必须不断学习——不仅从书本中学习，而且向社会学习，向周围的同事和自己的上级学习——不断积累经验和智慧。同样，面对快节奏的生活、高负荷的工作和复杂的人际关系，没有高情商，如果只知埋头做简单的工作，可能就很难成功。

胆商对于事业成功十分重要。胆商高的人具有非凡的胆略，能够临危不乱、破釜沉舟、力排众议，具有决策的魄力，能够把握机遇,该出手时就出手,以最快的速度应对环境的变化。没有敢为天下先、勇于承担风险的胆略,任何时候都成不了大业。但凡成功人士,都有敢闯、敢试、敢干的过人胆略。一个创业者、企业家的胆商,在某些关键时刻,甚至决定企业的兴衰成败。

现实生活中,随处可见由于一些人缺乏"胆商",使得许多好想法和创意束之高阁,许多新举措流于空谈,许多好机制难以见效的例子。想法太多,导致顾忌太多,口称"好箭",仅在手中搓来搓去,就是不敢射出去,有何益处?

有冒险就有失败的可能,失败是冒险的成本。世上没有万全之策,生活中到处可见成本。有人戏言:向前迈步的成本是不能后退,欢乐的成本是忘却痛苦;偷懒的成本是失去工作,勤劳的成本是引来妒忌;学习的成本是寂寞,思考的成本是孤独;清高的成本是不合群,随和的成本是被轻视;权利的成本是义务,贪图享乐的成本是虚度年华;分工的成本是知识的分立和信息的不对称;合作的成本是个人服从组织和兼容并蓄;规范的成本是创新,创新的成本是风险;死的成本是一无所知,而生的成本是喜怒哀乐愁……等有了100%的保险系数再去做,那就可能真的一事无成。

第7章 既要有胆,更要有识

亿万富豪李晓华以第一位拥有法拉利跑车的中国人而闻名遐迩。李晓华精于在风险中操控机遇,其经商的胆略令人敬佩。1989年,香港楼价下跌,不少人对前景感到迷茫,而李晓华却大量低价收购楼房,不少人都替他捏了一把汗。但半年之后,香港楼市一路攀升,李晓华瞄准时机,尽数抛出,买卖之间,就已跻身亿万富豪之列。当时李晓华把全部的资金投在房地产上,这需要何等的胆识!不久,李晓华又出人意料地把自己的所有资产3800万美元,再次投标注入马来西亚的一条高速公路上。其理由是了解到马来西亚在该高速公路附近发现了一个油田,一旦公布它的储藏量,这条公路就会大大增值;但如果到期不公布它的储藏量,所抵押的全部资产和投入的现金就会归银行所有,李晓华就会从亿万富豪变成一个穷光蛋。然而,李晓华凭借超凡的胆略和魄力,赢了这次"豪赌"。更惊险的是,晚14天公布,他同样血本无归。

有人评价李晓华能一次次成功,除了他具有非同寻常的商业眼光和理性分析之外,他还比别人敢于冒险。李晓华认为:危险越大,商机越大。

某媒体负责人曾经对"胆商""智商"和"情商"的关系做过如下评述:"智商反映的是一个人的智力水平、知识结构,这些是做出决断的基础;情商反映的是一个人和其他人打交道的能力,在不同环境中的应变能力,这是做出决断的前提;胆商则是在该做决断的时候敢于'拍板'的勇气。三者相辅相成,缺一不可。没有智商的胆商是莽撞,而缺乏胆商的智商则会表现为优柔寡断、前怕狼后怕虎,最后贻误大好时机。"

茫茫世界风云变幻,漠漠人生漂浮不定,而未来的风景却隐没在迷雾中,向那里出发,有崎岖的山路,也有阴晦的沼泽,深一脚浅一脚,虽然有危险,但这却是人生通往成功的一条捷径。

没有风险是最大的风险

保守、不愿冒险的人,往往小有成绩便不敢再担风险,岂知没有风险才是最大的风险。对每个有志于翻盘,实现人生成功的人来说,一个非常重要的前提,就是自己要有敢冒风险的勇气。在市场经济的猛烈冲击下,甘于平庸和冲向成功,同时摆在了人们面前,就看你如何抉择。很多人都在寻找致富之路，研究如何致富，但一想到可能会失败便畏缩不前，安于现状。这种平庸短浅的见识，遏制了他们拼搏向上的精神力量，使他们本来可以发挥得淋漓尽致的才能轻易被否定和抹杀，断送了他们的光明前途，这类人是永远无法摆脱困境的。

许多人梦想一夜致富，摇身变为成功者，但不敢冒风险就注定了他们只能做一个平庸的人，过着捉襟见肘的生活。这是胆怯的表现。

事实上，我们发现，绝大多数成功人士都是白手起家的，他们从不认为缺少祖辈的积累而会使自己的机会比别人少，并且他们多数人从事的行业非常普通，甚至有些乏味，如电焊工、建筑工、农夫、快递员。可见，只要坚持正确的信念与行动，多年后，我们完全有可能成为他们中的一员。

文化水平不高，也会成为不敢拓展人生之路的借口。毋庸置疑，在波涛汹涌的商海竞争中，文化素质高的人，其成功的渠道和获胜的机会相对多一些，但是商业竞争并非全部是文化水平的竞争。商业活动要求竞争者具备的人格魄力、心理素质、聪明才智、活动能力等，并不一定是由文化水平的高低来决定的。高学历者不见得就具有较高的商业竞争素质，低学历者不见得就会在商业竞争中失败。

在早期创业中，外部环境变化剧烈，机会较多，这种多变环境更有利于适应能力强的人，因为他们没有精神负担，思维敏捷，更具有冒险心理，所以这些人在原始积累阶段更容易小有成就。改革开放初期，民营企业家大多从事传统工业、商业及服务业，文化水平高的老板不一定具有优势，文化水平低的老板同样得心应手，有时甚至更放得开手脚，更具优势。

那么，怎样才能培养敢于冒险的能力呢？

1.积极尝试新鲜事物

在生活中，由于无聊、重复、单调而产生的寂寞会逐渐腐蚀人的心灵。然而，消除那些单调的常规因素会使你避免精神崩溃。积极尝试新事物，能使一蹶不振、灰心失望的人重拾生活的勇气，重新把握生活的主动权。

2.尝试做一些自己不喜欢做的事

屈从于他人意愿和一些刻板的清规戒律，已成为缺乏自信者的习惯，以至于他们误以为自己生来就喜欢某些东西，而不喜欢另一些东西。我们应该认识到，之所以每天都在重复不够精彩的生活，是由于懦弱和没有主见。如果你尝试做一些自己原本不喜欢做的事，你会体验到一种全新的乐趣，从而摆脱旧习惯。

3.不要总是订计划而不行动

缺乏自信的人同时缺乏安全感，凡事希望稳妥、保险。然而人的一生无法制订所谓的清晰计划，因为总会有一些偶然因素在发生作用。有条有理并非确定能给人带来幸福，生活的火花往往是在偶然的机遇和奇特的感觉中迸发出来的，只有欣赏并努力捕捉这些转瞬即逝的火花，生活才会变得生气勃勃，富有活力。

积极尝试新事物，难免要冒一些风险。从某种意义上说，冒险是人类生活的基本内容之一。没有冒险精神，体会不到冒险对生活的意义，可能就享受不到成功的乐趣，也就无法培养和提高人的自信。自信在本质上是成功的积累。因此，瞻前顾后、惊慌失措、力图避免冒险，无疑会使我们的自信丧失殆尽，更不用说幸福、快乐会降临在我们身边了。

假如生活中未知的领域能够激发你的热情，并使你做好

"尝试"的心理准备；假如人生如同一场牌局，而你又能够坚持把牌打下去，不会中途退场，那么每克服一个困难，你就会增添一分自信。

CHAPTER 08
翻盘

<第8章>

巧借外力，借力使力生万利

生活中，巧借外力，借鸡生蛋，善假于物，最能体现一个人的财商智慧。乘车可至千里，坐船可览江河，皆因借力也。做生意更需要借助外力，因为就算你本事再大，光靠自己，又能取得多大成就呢？

所谓"巧借外力，无本生万利"，指的是在不付出或付出很少代价的情况下，利用他人有形的或无形的资源来获取利益的行为。此举重在"借"，要想达到事半功倍的效果，须在"借"字上下功夫。

"借"有会借、善借、巧借之分。会借者，使人心甘情愿；不会借者，使人心生厌恶。不过，会借者须要巧借、善借，才能"毕其智为己所用"，从而心想事成。此外，光借还不行，还要借之有度，否则就会功亏一篑。

第8章　巧借外力，借力使力生万利

借外力生财，一举两得

"会借别人的手帮自己干活，就等于自己在干活。"在竞争日益激烈的时代，想要在商场上取得一番成就，仅靠单打独斗是行不通的，我们应该学会"借力"，让别人帮自己赚钱。

在生意场上，善于借力使力者常常使出一些令人意想不到的高招，轻松赚得巨额利润。

在日本东部有一个风光旖旎的小岛——鹿儿岛，因气候温和、鸟语花香，每年吸引大批来自世界各地的观光客。有一个名叫阿德森的德国人在日本经商多年，一次登上鹿儿岛之后，便喜欢上了这里，决定放弃过去的生意，在此建一个豪华气派的鹿儿岛度假村。一年后，度假村落成，但由于度假村地处一片没有树木的山坡，一些投宿的观光客总觉得有些许扫兴，建议阿德森尽快在山坡上种一些树，改善度假村的环境。阿德森觉得这个建议虽然很好，但工钱昂贵，又雇不到工人，因此迟迟无法实现。

不过，阿德森天生就是做生意的料，他脑子一转，立即想出了一个妙招——借力。他迅速在自家度假村门口及鹿儿岛各主要路口的巨型广告牌上打出这样一则广告：

各位亲爱的游客，您想在鹿儿岛留下永久的纪念吗？如果想，那么请来鹿儿岛度假村的山坡上栽一棵"旅行纪念树"或"新婚纪念树"吧！

绿色是充满生机且令人开心的。那些常年生活在大都市的人，在不够清新的空气和噪声中生活久了，十分渴望到大自然中去呼吸一下新鲜空气，放松一下，如果还能亲手栽一棵树，留下"到此一游"的永恒纪念，别提多有意思。于是，各地游客都纷纷慕名而来。一时间，鹿儿岛度假村变得游客盈门，热闹非凡，当然，阿德森并没有忘记替栽树的游客准备一些花草、树苗、铲子和浇灌的工具，以及一些为栽树者留名的木牌。度假村规定：游客栽一棵树，鹿儿岛度假村收取300日元的树苗费，并给每棵树配一块木牌，由游客亲自在上面刻下自己的名字，以示纪念。这是很有吸引力的赚钱高招，到此一游的人谁不想留个纪念？因此，一年下来，鹿儿岛度假村除食宿费收入外还收取了"绿色栽树费"共1000多万日元，扣除树苗成本费 400 多万日元，净赚 600 万日元。几年以后，随着幼树成材，原先光秃秃的山坡变成了生机盎然的树林。

让你出钱，让你出力，还让你高兴而来，满意而归，这似乎是不可能的事情。可精明的阿德森却看到了这一"不可能"背后的可能性，做了一笔一举两得的生意。我们从中看到了营销创意的价值和魅力。你瞧，本来是既花钱又费工的一件事，经营销高手一策划，竟变成招徕顾客的一种手段，能不为之叫绝吗？

其实，阿德森使用的这一借力高招很多人都知道，但能用得如此出神入化者就极其罕见了。

"借力"不仅是致富的高招，也是一个成大事者必须具备的能力，毕竟一个人的能力是有限的。俗话说："就算浑身是铁，又能打几颗钉？"如果只凭自己的能力，能做的事很少；如果懂得借助他人的力量，就可以无所不能。

凭自己的能力致富固然是真本事，但是，能巧借他人的力量来推动事业成功，也是一门高超的艺术。"借力"的要点就是互借互利，即要让自己受益，又让对方受益。不让别人受益，别人肯定不会为你所用的，就像案例中阿德森的做法，并不是凭空想象出来的，而是他利用都市人渴望与大自然亲密接触的美好愿望使出的"奇招"。如果栽树不能满足都市人的心理需求,他们是不会自掏腰包替阿德森免费栽树的。

拿破仑曾经说过这样一句话:"懒而聪明的人可以做统帅。"所谓"懒",指的就是不逞能,不争功,能让别人干的,自己就不大包大揽。尽量借助别人的力量,这从某种意义上来说,是在告诫现实生活中那些渴望成功的人:要善于"借力"。别人会干,等于自己会干。

那么,商家该如何来用好这一招呢?

(1)要主动。借不是靠,借不能依赖等待。借是小投入甚至不投入的以少胜多、无中生有的谋略。

(2)借力要建立在对事物发展态势的精辟分析、准确判断的基础之上。

(3)使用此招时还必须熟知顾客心理,迎合顾客心理而动,从而激发顾客的消费欲望。

借用"闲事",平中生奇

"处处留心皆学问。"我们想要尽快获得成功,实现人生逆袭，就要善于发现，就连一件"闲事"也不要放过。

多年前，新加坡奥利斯公司一幢48层高的新建总部大厦竣工。公司正准备将总部搬入新大厦，同时筹划乔迁公关活动和大厦落成典礼。突然有一天，一大群鸽子飞进顶层的一间屋子里，并将这个房间当作它们的栖息之处，迟迟不愿离开。鸽子在房间栖息生活，把整个房间弄得臭气熏天，令人生厌。本来这是一件"闲事"，与该公司似乎没有什么关系，若按常规处理，自然是将鸽群轰走。不过，奥利斯公司当时的策划部经理李光华闻知此事后却喜上眉梢，他立即下令紧闭门窗，迅速保护、喂养鸽群，他敏锐地意识到，扩大公司影响和树立公司良好形象的机会来了。

按理说，"乔迁公关"举行一次记者招待会，设计一次专题活动，散发公司及乔迁资料，做几次广告就行了，也能将公司乔迁的信息传播给社会和公众，只是这种常规公关活动，毫无新意，若能将社会公众司空见惯的"大厦竣工"和"企业乔迁"做成焦点和热点活动，那才是高明的策划。对于一大群鸽子飞进48层的大厦，这件事看似与企业无关，如果巧妙利用未尝不能创造出轰动效应。于是，在李光华的导演下，奥利斯公司的新大楼里很快上演了一幕"巧借闲事，平中生奇"的杰作。

首先，李光华请求公司老总派高级职员专程到动物保护协会进行"郑重其事"的专题汇报，主要目的是向动物保护协会陈述公司是如何对鸽群进行保护和喂养的，并询问如何使鸽群在不受伤害的情况下放回大自然，同时，请求动物保护协会迅速派员协助处理。这一"投其所好"的举措正好切中动物保护协会的"需求"，自然引起他们的高度重视，他们立即派数名职员前往新落成的奥利斯公司总部大厦同该公司总经理共同处理这件事关数百只鸽子保护的"大事"。

李光华有意对此事进行渲染后，又巧妙地透露给各主要新闻机构，新闻界被这件既有趣又有意义，更有新闻价值的消息惊动了。于是，电视台、报社等新闻传播媒介纷纷派出记者，赶到这座新落成的总部大厦，进行现场采访和报道。

出于保护动物的目的，动物保护协会人员在公司的配合下，整项活动进行得十分小心和认真。因而，一件本来半天就可以完成的活动，前后共花了三天时间，在这三天中，各新闻媒介对捕捉、保护鸽群的活动争相进行了连续报道，从而使得社会公众对此新闻事件产生了浓厚兴趣，用极大热情关注活动的全过程，而且消息、特写、专访、评论等报道方式将这件"闲事"炒成整个社会关注的热点和焦点,把公众的注意力全吸引到奥利斯公司和它刚竣工的总部大厦上。此时,作为公司的总经理,当然不会错过这一免费宣传公司形象的机会,他们充分利用专访频频在电视、报纸、广播中"亮相"的机会,向公众介绍公司宗旨和经营方针,更加深了公众对公司的了解,从而大大提高了公司的知名度。同时,公司大厦竣工和公司乔迁的信息及相关活动,尽在报道中自然展现。

结果,宣传活动大获成功。作为这次活动的总导演,李光华因此名声大震,受到了公司总经理的赏识,很快便由策划部经理晋升为副总经理。

看完上文中的故事,我们不禁为李光华的高招拍手叫好。它传递给我们这样一个启示:闲事中也蕴含着成功的机遇。巧借闲事,就能于平淡中创造奇迹。

借用闲事的绝妙之处是不做广告而胜过做广告。一般来说,想要借媒体免费替公司或产品做宣传是一件不容易的事,但是只要我们借用一些"闲事"制造出新闻,媒体就会竞相报道,一经报道,目的自然就达到了。

"闲事"通常看似与己无关,实则关系很大,关键在于我们能否巧妙地利用与己无关的事，在平平淡淡之中生奇、创机和造势。古代军事家说过，行军布阵，敌我双方都会，但取胜的关键在于"运用之妙，存乎一心"。这就道出了如何巧用闲事的玄机：要随机应变，无中生有，制造商机。

巧用闲事制造商机是知识的产物，是思维的结果，关键是要学会在无中生有，在弱小时生大，在错误时生对。

要用好这一高招，应把握以下三点：

（1）精心策划，周密安排，制造出与自己的产品或公司有紧密联系的新闻。

（2）新闻要有轰动效应，不仅能吸引媒体报道，更要刺激观（听）众的关注欲望，赢得超出广告效应的收益。

（3）所借用的话题或制造的新闻要自然贴切，有吸引力。